蜜蜂
病虫害防治及四季管理

徐书法 ◎ 主编

中国农业出版社
北 京

图书在版编目（CIP）数据

蜜蜂病虫害防治及四季管理 / 徐书法主编. —北京：中国农业出版社，2021.12（2023.9 重印）
（扫码看视频．轻松学技术）
ISBN 978-7-109-23697-4

Ⅰ.①蜜…　Ⅱ.①徐…　Ⅲ.①蜜蜂—病虫害防治　Ⅳ.①S895

中国版本图书馆 CIP 数据核字（2017）第 319390 号

MIFENG BINGCHONGHAI FANGZHI JI SIJI GUANLI

中国农业出版社出版
地址：北京市朝阳区麦子店街 18 号楼
邮编：100125
责任编辑：郭晨茜　谢志新
版式设计：郭晨茜　　责任校对：刘丽香
印刷：北京通州皇家印刷厂
版次：2021 年 12 月第 1 版
印次：2023 年 9 月北京第 3 次印刷
发行：新华书店北京发行所
开本：880mm×1230mm　1/32
印张：5
字数：150 千字
定价：28.00 元

编委会

主　编：徐书法

副主编：王秀红　孟丽峰　武江利　胡若洋

编　者：王秀红　李南南　李　薇　张永贵

孟丽峰　武江利　胡若洋　涂洋洋

徐书法　薛　菲

CONTENTS 目录

视频目录 CONTENTS

第一章 蜜蜂病虫害防治的基础知识

◎本章提要

蜜蜂个体小，在外界环境不适应或者营养条件差的情况下，容易感染各种疾病，遭受多种病虫害的侵袭。本章简要概述了蜜蜂病虫害的基础知识，主要包括：①蜜蜂病害的种类，按是否具有传染性可分为传染性病害和非传染性病害；按病原种类可以分为病毒性病害、细菌性病害、真菌性病害和寄生虫等侵袭病；按蜜蜂虫态可以分为卵期病害、幼虫期病害、蛹期病害和成虫期病害。②蜜蜂的敌害包括两栖类、昆虫类、鸟类、兽类及其他生物。③蜜蜂传染病和其他动物一样包括了潜伏期、前驱期、明显期和转归期4个发展阶段。④蜜蜂传染病在蜂群中传播，必须具备传染源、传播途径和易感动物3个基本环节。当传染源、传染媒介和易感动物三个环节都同时存在时，则发生蜜蜂传染病的流行；而当缺少三个环节中的任何一个环节时，则不发生蜜蜂传染病的流行。

第一节 蜜蜂病虫害的分类

蜜蜂病虫害的分类和特点

蜜蜂病虫害对养蜂产业所造成的损失巨大，而且这种损失有上升的趋势。蜜蜂病虫害不仅会影响到蜜蜂个体和群势，降低蜂产品的质量和产量，还会对蜂群、整个蜂场造成严重损失。蜜蜂是完全变态昆虫，经过卵、幼虫、蛹、成虫四个发育阶段，每个阶段都可能受到病虫害的侵袭，一旦发生则难以根治，所以蜜蜂的病虫害防治工作应该以预防为主。

一、蜜蜂病害的分类

蜜蜂的病害可以按其是否具有传染性分为传染性病害和非传染性病害两类。传染性病害包括由细菌、真菌和病毒等引起的传染病，以及由寄生螨、寄生性昆虫、原生动物和寄生性线虫等引起的侵袭病。非传染性病害包括遗传病、生理障碍、营养障碍、代谢异常、中毒等（表 1－1）。

表 1－1　蜜蜂病害一览表（按病原分类）

传染性		病原	病害名称
传染性病害	传染病	细菌	美洲幼虫腐臭病
			欧洲幼虫腐臭病
			副伤寒病
			败血病
		病毒	囊状幼虫病
			蜂蛹病
			麻痹病
			残翅病
		螺原体	螺原体病
		真菌	孢子虫病
			白垩病
			黄曲霉病
			蜂王卵巢黑变病

（续）

传染性	病原	病害名称
传染性病害 侵袭病	寄生螨	狄斯瓦螨（大蜂螨）
		亮热瓦螨（小蜂螨）
		武氏蜂盾螨（气管螨）
	寄生性昆虫和线虫	蜂巢小甲虫
		蜡螟
		蜂麻蝇
		驼背蝇
		圆头蝇
		蜂虱
		线虫
	原生动物	阿米巴病
非传染性病害	生理因素	卵干枯病
		僵死幼虫
		佝偻病
		下痢病
		卷翅病
		蜂群伤热和不良因素引起的疾病
		幼虫冻伤
	中毒	植物中毒
		农药中毒
		工业污染中毒

另外，蜜蜂病害还可以按蜜蜂不同发育时期分为蜂卵病、幼虫病、蜂蛹病和成年蜜蜂病（表1－2）。有些病既可以侵染幼虫期、蛹期的蜜蜂引起蜜蜂幼虫发育不良或死亡，也可以引起成年蜜蜂发病，如蜜蜂大蜂螨病，寄生在幼虫房，在蛹期的巢房中侵染雄蜂或

工蜂的蛹引起发病，还可以在成虫期侵染成年蜜蜂造成爬蜂、残翅或死亡。所以这种分类方法仅能部分概括出蜜蜂的病害情况。通常所说的病害种类基本上是对发病症状的描述，而不是真正的发病原因的描述。这种分类方法在生产上用得较多，因无法准确判断发病原因而出现误判，对有效防控病害十分不利。未来应指导养蜂者学会判断发病病原，这样对精准防控意义较大。

表 1-2　蜜蜂病害一览表（按蜜蜂虫态分类）

蜜蜂虫态	病名	病害种类
卵期	蜂卵病	卵干枯病
幼虫期	幼虫病	囊状幼虫病 美洲幼虫腐臭病 欧洲幼虫腐臭病 白垩病 黄曲霉病 冻伤 幼虫中毒病 幼虫螨病（大蜂螨、小蜂螨）
蛹期	蜂蛹病	蜜蜂蛹病
成虫期	成年蜜蜂病	麻痹病 爬蜂病 残翅病 副伤寒病 败血病 螺原体病 蜂王卵巢黑变病 孢子虫病 阿米巴病 成蜂螨病（大蜂螨、小蜂螨） 寄生性昆虫和线虫病 各种非传染性病害

二、蜜蜂敌害的分类

蜜蜂的敌害包括两栖类、昆虫类、鸟类、哺乳类及其他生物。

1. 昆虫及蛛形纲动物 蜜蜂敌害昆虫包括鳞翅目、双翅目、膜翅目、缨翅目、蜻蜓目、直翅目、革翅目、等翅目、啮虫目、捻翅目、半翅目、脉翅目、鞘翅目等13个目的昆虫；蛛形纲则包括蜘蛛目及伪蝎目等。

2. 两栖类动物 包括蛙、蟾蜍等。

3. 鸟类 包括蜂虎、啄木鸟等。

4. 哺乳类 包括食肉动物，如熊、黄喉貂、黄鼠狼等；啮齿类动物，如各种鼠类；食虫动物，如刺猬等；食蚁动物；灵长类动物等。

第二节 蜜蜂传染性病害的发生特点

一、蜜蜂传染病的发生规律

病原微生物侵入蜜蜂机体，并在一定的部位“定居”、生长繁殖，从而引起蜜蜂一系列的病理变化，这个过程叫作传染。通常一种病原微生物侵染蜜蜂后，把蜜蜂作为生长繁殖的场所，蜜蜂会出现发病的症状，并且不断使其他蜜蜂也出现同样症状（图1-1）。

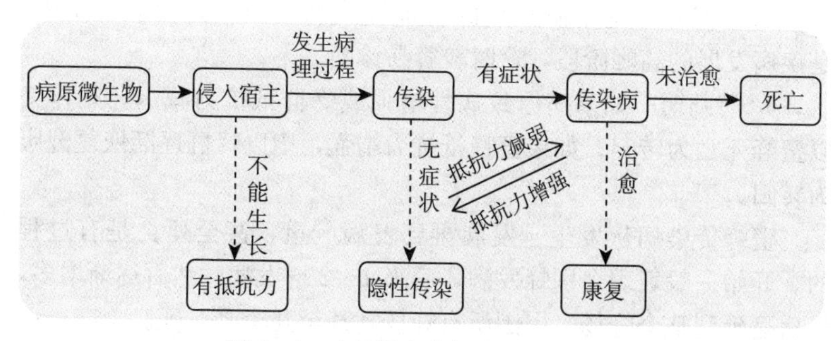

图1-1 病原微生物侵染蜜蜂的过程
（仿家畜传染病学）

蜜蜂传染病具有以下特征：

1. 具有特定的病原微生物 例如，引起欧洲幼虫腐臭病的特定微生物是蜂房蜜蜂球菌。

2. 具有传染性 患病蜜蜂体内的病原微生物，可侵入另一只健康蜜蜂体内，能引起同样疾病。

3. 具有特征性的症状 例如慢性麻痹病的病毒主要侵害蜜蜂的神经系统，神经系统受侵染后，一般常表现出震颤、肌肉僵硬等症状。当然，表现出震颤症状的病蜂不一定受到麻痹病毒侵染，还可能是其他原因，这要结合诊断技术综合判断。

二、传染病的发展阶段

蜜蜂传染病可以分为4个阶段：

1. 潜伏期 从病原侵入并开始繁殖起，直到症状开始出现为止，这段时间称为潜伏期。不同传染病的潜伏期长短不同，而同一种传染病的潜伏期的长短有一定的规律性。如欧洲幼虫腐臭病的潜伏期2～3d，囊状幼虫病的潜伏期5～6d。同一种传染病潜伏期短促时，疾病常较严重；反之，潜伏期延长时，病程常较轻缓。

2. 前驱期 是疾病的征兆阶段，其特点是症状开始表现出来，但该病的特征性症状不明显。如蜜蜂行动呆滞或烦躁不安。

3. 明显期 这个阶段病的特征性症状逐渐明显地表现出来，是疾病发展的高峰阶段，这时较容易诊断。

4. 转归期 如果病原致病性增强或蜂群抵抗力减退，则传染以蜜蜂死亡为转归；如果蜜蜂抵抗力增强，则以蜂群逐渐恢复健康为转归。

蜜蜂传染病从发生、发展再到发病严重，甚至死亡是有过程的。开始一般表现个别蜂发病，后来1～2群发病，然后逐渐增多，最后蔓延到整个蜂场，周围所有蜂场，甚至几个县、区。

温馨提示

判断是否为传染病，有一些小技巧。如一个蜂场的蜜蜂，头一天下午还一切正常，一夜之间全群覆没，发生传染病的可能性就很小，发生中毒病的可能性较大；再如，一个蜂场内，在混用蜂具的情况下，只有个别蜂群得病而且没有扩散的迹象，发生传染病的可能性也很小，应该考虑其他原因，比如蜂王的状况、是否有敌害等。

三、传染病流行的基本环节

传染病在蜂群中传播，必须具备传染源、传播途径和易感动物 3 个基本环节。如果缺少任何一个环节，新的传染就不能发生，当流行已经开始后，若切断任何一个环节，流行就会停止（图 1－2）。所以，对传染病的防控既可以从三个环节同时采取措施，也可以对其中的任何一个环节采取措施，切断传染。

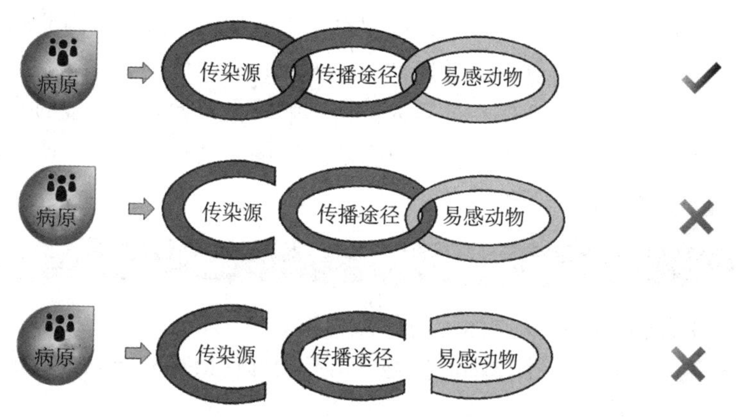

图 1－2 传染病流行过程中三个基本环节的联系示意图
（仿家畜传染病学，其中“√”表示能够侵染；“×”表示不能侵染）

1. 传染源 是指病原体在其中寄生、生长繁殖，并能不断排出体外的蜜蜂。具体讲就是病蜂。

2. 传播途径 是指病原体由传染源排出后，经一定的方式，再侵入其他易感动物所经的途径。它可分为以下两种形式：

（1）直接传播 是在没有外界因素的参与下，病原体通过被感染的蜜蜂与健蜂直接接触而引起传播。如哺乳蜂用口器饲喂幼虫，传染幼虫病。

（2）间接传播 是指病原体通过蜂具传给其他蜜蜂。常见的有通过空气、被污染的饲料和水源以及活的媒介物等传播。

温馨提示

值得注意的是，被病原体污染的各种外界因素，如蜂箱、蜂具、饲料、水源等，病原体无法在其中寄生、生存繁殖，因此不是传染源，而是传播途径。

3. 易感动物 是指抵抗力较小、易受感染的蜂群。

四、传染病流行过程的表现形式

在传染病的流行过程中，根据在一定时间内发病率的高低和传播范围的大小可将其分为散发性、地方流行性、流行性和大流行 4 种类型。季节对病原体在外界的传播影响较大，如阴雨多湿的季节有利于真菌的产生；季节也可以影响蜂群的活动和抵抗力，所以传染病往往表现出季节性。

五、传染病病原的分类

引起传染病的病原称为病原微生物，它们是一类结构较简单、繁殖快、分布广、个体小的生物。引起蜜蜂传染病的病原主要是细菌、真菌和病毒。

1. 细菌 细菌是一类单细胞微生物，一般要在光学显微镜下才能看见（图 1-3）。测定细菌的大小的度量单位是微米（μm）和纳米（nm）。细菌由于其染色特性不同，可分为革兰氏阳性菌（G^+）和革兰氏阴性菌（G^-）。此外有些细菌还具有鞭毛等特殊结构，或能够形成芽孢，可增强对外界不良环境的抵抗力。引起蜜蜂传染病的主要细菌性病害见表 1-3。细菌对抗生素敏感，所以治疗细菌病最好的药物是抗生素。但是，由于很多抗生素会造成蜂产品的污染，所以在生产中要减少抗生素的使用，杜绝使用违禁抗生素。

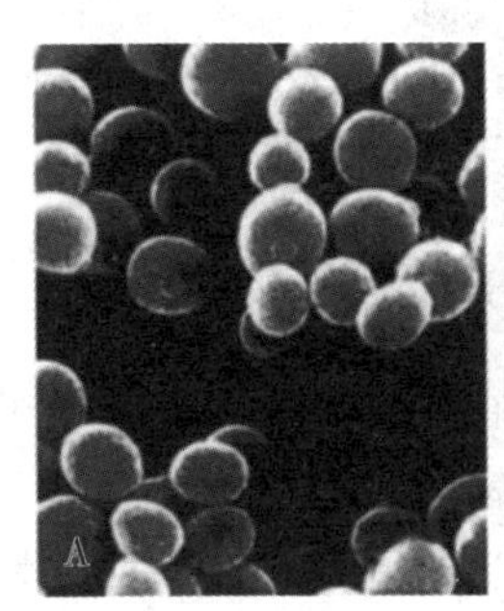

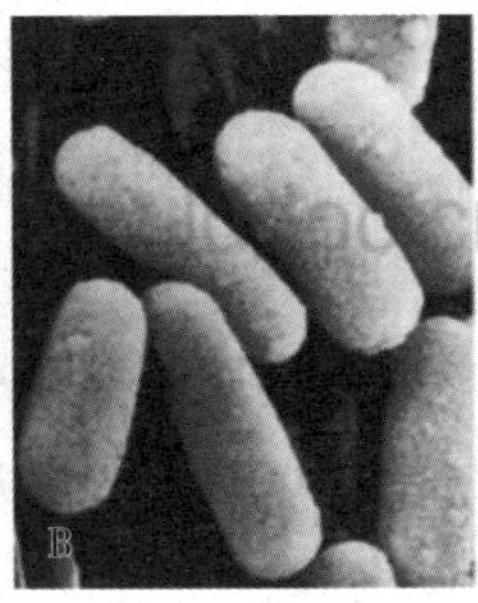

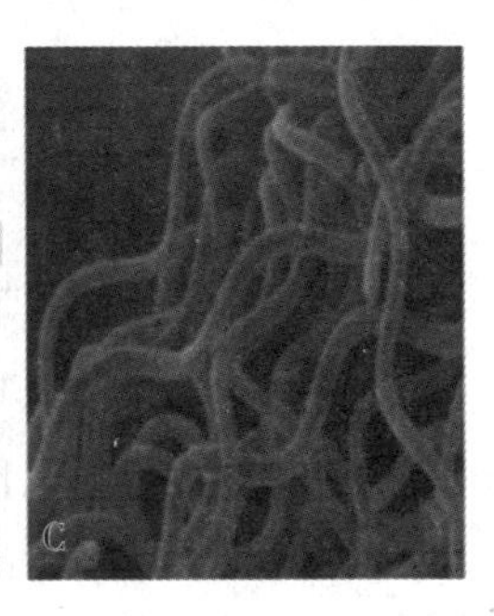

图 1-3 细菌形态
A. 球菌 B. 杆菌 C. 螺旋菌

表 1-3 不同发育时期蜜蜂的主要细菌性病害

蜜蜂发育时期	病害种类	细菌
幼虫期	欧洲幼虫腐臭病	蜂房蜜蜂球菌 G^+
幼虫期	美洲幼虫腐臭病	幼虫芽孢杆菌 G^+
成虫期	蜜蜂败血症	蜜蜂败血杆菌 G^-
成虫期	蜜蜂副伤寒病	蜜蜂副伤寒杆菌 G^-

2. 真菌　真菌在自然界中分布很广，大部分对人或其他动物有利，只有少数真菌可以引起人或其他动物患病，称为病原性真菌。根据真菌的致病作用将病原性真菌分为三类，一类是真菌病病原，例如引起蜜蜂白垩病的蜜蜂球囊菌（图 1-4）；另一类是真菌中毒病的病原，真菌产生的毒素引起动物中毒；还有一类真菌兼有感染性和产毒性，例如黄曲霉菌。

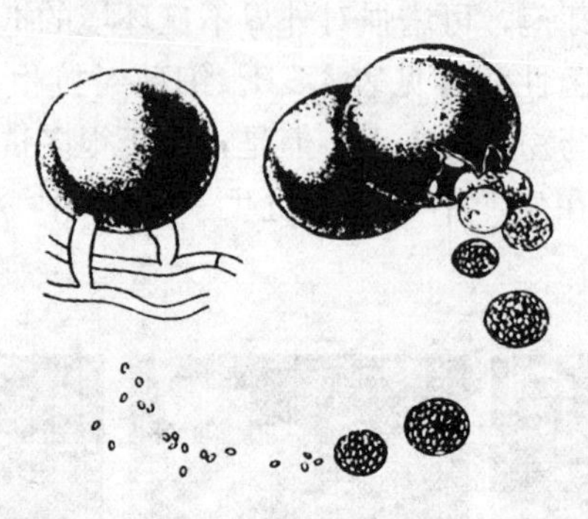

图 1-4　蜜蜂球囊菌子囊及孢子形态

3. 病毒　病毒是一类体积微小，只能在活细胞内生长繁殖的非细胞形态的微生物（图 1-5）。用以测量病毒大小的单位为纳米(nm)。大部分病毒只有用电子显微镜才可以看得到。目前，蜜蜂上已经有 5 种病毒的结构被解析出来，包括囊状幼虫病毒（*Sacbrood virus*，SBV）、残翅病毒（*Deformed wing virus*，

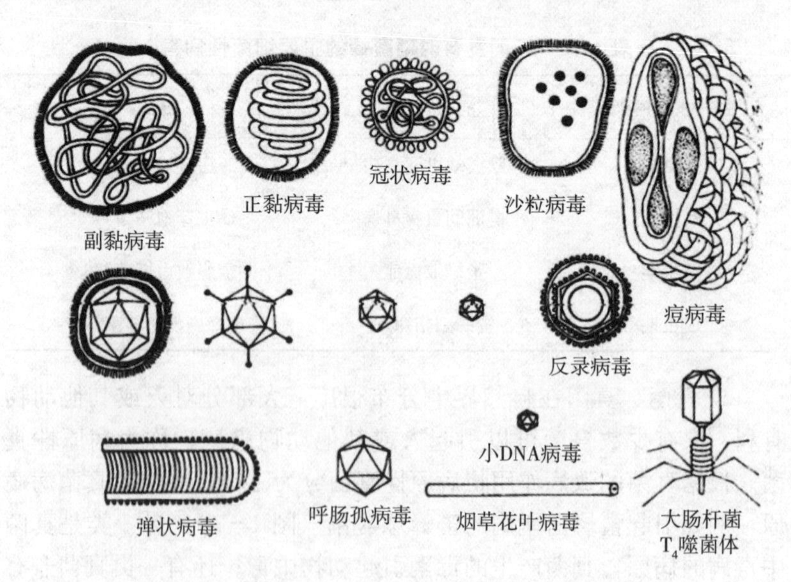

图 1-5　病毒形态模式

DWV)、以色列急性麻痹病毒(*Israel acute paralysis virus*, IAPV)、黑蜂王台病毒(*Black queen cell virus*, BQCV)、慢性蜜蜂麻痹病毒(*Slow bee paralysis virus*, SBPV)(图1-6)。

大部分病毒耐冷不耐热,一般病毒在50℃液体中30min可以被灭活。紫外线也能灭活病毒。目前仍没有治疗蜜蜂病毒病的特效药物,生产上常用一些对蜜蜂病毒有抑制作用的中草药来防治蜜蜂病毒病。

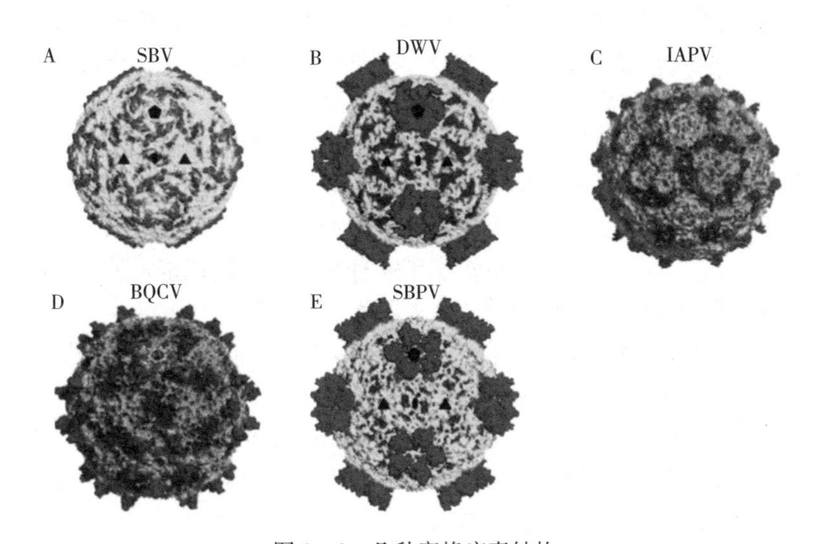

图1-6 几种蜜蜂病毒结构

A. 囊状幼虫病毒(SBV) B. 残翅病毒(DWV) C. 以色列急性麻痹病毒(IAPV) D. 黑蜂王台病毒(BQCV) E. 慢性蜜蜂麻痹病毒(SBPV)
(*Michaela*et al., 2018)

六、蜜蜂常见病虫害的症状

蜜蜂患病后会表现出相应的症状,往往具有一定的特异性。蜜蜂常见病虫害的症状如下。

1. 腐烂 包括生物因素及非生物因素引起的腐烂。生物因素引起的腐烂是指蜜蜂组织被病原体寄生后受到损害,其组织细胞会出现分解、腐烂的症状，引起蜜蜂组织细胞腐烂的病原体有细菌、真菌、病毒和螨类等；非生物因素引起的腐烂主要由冻害、食物中毒等引起。

2. 变色 蜜蜂患病后，不论其处于何种虫态，不论何种病原，患病蜜蜂的体色均可以发生变化。成虫体色通常由明亮变暗，由浅色变为深色。患病幼虫体色亦由明亮、有光泽的白色变成苍白，继而转黄，最终变成黑色。

3. 畸形 引起蜜蜂畸形的原因有多种，如螨害、高温、低温等会引起蜜蜂卷翅、缺翅；因劣质饲料、甘露蜜等引起的消化不良，蜜蜂会出现腹胀等症状。

4. 异味 美洲幼虫腐臭病、欧洲幼虫腐臭病等细菌性病害，常会引起蜂箱、蜂脾产生臭味等令人不愉快的气味，严重时整个蜂场也会有臭味。受到蜂巢小甲虫侵染的蜂群，会产生“烂橘子”的味道，这是因为蜂巢小甲虫常携带一种酵母，易使蜂蜜发酵，发酵后，蜂群就会产生这种特异的令人不愉快的气味。

5. 颤抖 成年蜜蜂不能飞行，身体抖动，同时翅膀也发生震颤，这种症状多见于病毒引起的麻痹病，由于病毒侵害蜜蜂神经系统，使蜜蜂身体出现不自主运动；或者当蜜蜂发生农药中毒时，由于农药破坏蜂体内的一些酶，使蜜蜂体内的神经介质等物质无法水解而堆积，引起蜜蜂出现颤抖。

6. 吻伸出 蜜蜂吻伸出口外，多见于死亡蜜蜂。一般认为是蜜蜂中毒的典型症状。

7. 爬蜂 无论是生物因素或非生物因素引起蜜蜂患病，一旦蜜蜂虚弱或病原体损害了蜜蜂的神经系统，均可以引起大量发病的蜜蜂在巢箱底部或巢箱外爬行。

8. 打转 蜜蜂因农药中毒、植物中毒、化学污染中毒等，其神经系统严重受损后，会出现原地旋转等症状。

9. 死亡 蜜蜂因受冻、饥饿、病虫害侵染、中毒等均会出现死亡，可以根据蜜蜂死亡时的不同症状，初步判断蜜蜂发病的原因。

10. “花子”“穿孔” 正常子脾，虫龄整齐，封盖一致，无孔洞。当患病幼虫被内勤蜂清除出巢房时，无病的幼虫照常发育，蜂王又在清除后的空房内产卵，或未再产卵而空房，于是会造成在同一脾面上，同时存在着健康的封盖子、空巢房、卵房和日龄不一的幼虫房相间排列的状态，这种情况便称为“花子”；“穿孔”是指蜜蜂子脾巢房封盖后，由于患病巢房内虫、蛹的死亡，内勤蜂会啃咬房盖，从而造成巢房盖上出现小孔。

第二章
蜜蜂病虫害的诊断方法

◎本章提要

蜜蜂病虫害的种类较多，既有病毒病，也有细菌病、真菌病，还有原生动物的孢子虫病，在蜂病诊断时容易出现错判的现象。所以有必要建立一套从蜂群检查、典型症状检查，再到实验室诊断的较为完整的诊断方法。

本章主要内容包括：蜂群检查及个体典型症状检查。

蜜蜂病虫害中有一个较为明显的现象，就是蜜蜂在不同成长阶段可能患的疾病各不相同。在诊断过程中，对主要病害进行了如下分类：卵期病害、幼虫期病害及成年蜂病害。依照这一标准，可建立先通过蜂群检查，再个体的典型症状检查，最后进行病原学诊断的一整套流程，可迅速有效地对蜜蜂常见病害做出诊断。采用这种流程的优点是：①只有发现蜂群出现异常才启动该检测程序，减少了对蜂群的干扰和养蜂员的工作量。②先通过典型症状进行分类鉴别，可大大缩小怀疑的范围，甚至可以达到确诊的目的，在有效减少工作量的同时提高了准确性。

第一节　蜂群检查

蜂群观察是蜜蜂病虫害诊断的第一步。蜂群是否发病，通常从以下 3 个方面考虑。

一、观察巢门及蜂箱底部是否有大量死蜂或爬行缓慢的成年蜂

蜜蜂作为一种较小的营社会生活的个体，其个体症状较难通过肉眼直接观察到。通常在相对较多个体同时表现出异常的症状时才被认为蜂群患病。作为成年蜂，多数情况下患病后一个主要的症状表现就是因体质衰弱而表现出无力飞行，甚至无力附着在巢脾上，其结果是掉落在蜂箱底部或爬出巢门。因此观察到这一现象即说明成年蜂患病，需要进一步确诊。

二、提取子脾观察封盖子是否整齐成片

蜂王是一个蜂群中唯一具有产卵繁殖功能的个体，它在产卵过程中一般会遵循一个固定的原则：在同一时间尽可能集中在一个区域连续产卵，即在一张子脾上多数卵或幼虫的龄期基本一致，一个直观的表现是封盖期基本一致，大部分封盖子连成一片。

但当幼虫染病后，会出现大量幼虫死亡，而工蜂会及时将死亡幼虫清理出巢房。当蜂王发现这些散落分布的巢房没有卵或幼虫时，会立刻在其中重新再产一枚卵，这时就会出现已封盖巢房周围穿插有未封盖的幼虫，俗称“花子”。当子脾出现这种现象时即说明蜜蜂幼虫患病，需要进一步诊断。

三、观察蜂王

蜂王不同于数量众多的工蜂，它在蜂群中具有不可替代的作用，因此在蜂群管理时应随时观察蜂王活动是否异常，以判断蜂王患病与否。常见的异常现象包括停止产卵、行动迟缓、身体变色等。

第二节　个体典型症状检查

在通过上一步观察到有蜂群有异常表现后，下一步就应细化到个体观察，判断该病害是否具有传染性，通过一些个体典型症状检查来初步判断患病的种类。然后，再通过病原学诊断进一步确诊。

一、判断该病害是否具有传染性的方法

传染性病害由于病原的传播具有一定的延时性和区域性，往往是由少数几群感染而产生更大量病原微生物，并扩散至四周，由近及远地感染周围蜂群。直观的表现就是个别蜂群先出现症状，其他蜂群逐渐也表现发病。非传染性病害则不同，由于其没有传染源，所以没有相互感染的情况发生，发病蜂群较为固定，往往是突然全场蜂群或始终仅个别蜂群同时表现异常。

二、传染性病害的诊断

1. 通过发病虫态来诊断　蜜蜂病虫害中一种病原常只会引起蜜蜂的一个虫态产生异常并表现症状，也就是说感染幼虫患病的病原多无法使成虫（成年蜜蜂）发病，而感染成虫的病原一般也不会造成幼虫发病。因此，要区分病原可以先从发病虫态入手，再结合后面详细的诊断方法进行确诊。

（1）幼虫期病害　能够感染并造成蜜蜂幼虫期死亡的病害主要有病毒性的囊状幼虫病、细菌性的欧洲幼虫腐臭病和美洲幼虫腐臭病、真菌性的白垩病和黄曲霉病 5 种病害。针对幼虫病的诊断，可以先根据表 2－1 进行初期判断，然后再结合后面详细的诊断方法进行确诊。

表 2－1　幼虫期常见病害检索

1. 小幼虫（封盖前 4～5 日龄）死亡 ………………… 欧洲幼虫腐臭病

2. 封盖后大幼虫或蛹死亡 ……………………………………………… 3

3. 封盖下陷并有针眼状穿孔，虫尸紧贴巢房壁不易清理，有鱼腥味，腐烂尸体可拉出 2～3cm 的细丝，干燥尸体用紫外灯照射有荧光 ………… …………………………………………………… 美洲幼虫腐臭病

4. 幼虫头部朝向巢房盖，两头翘起呈龙船状，无臭味，表皮内充满液体，夹出的虫体呈水袋状，无黏性，易清理 …………………… 囊状幼虫病

5. 幼虫死后呈白色或黑色石灰石状…………………………… 白垩病

（2）成虫期病害　成虫期病害主要有病毒性的慢性麻痹病以及细菌性的蜜蜂副伤寒病、蜜蜂败血症、蜜蜂螺原体病、蜜蜂孢子虫病等。由于成年蜜蜂患病后症状表现往往比较相似，所以通过表 2－2检索后，还需要进一步进行病原学诊断。

表 2－2　成虫期常见病害检索

1. 体表绒毛脱落，体色发黑（油炸蜂），翅膀与身体不停抖 ………	麻痹病
2. 肢体麻痹、腹泻，病蜂死亡后肢体关节处分离 ……………………	败血症
3. 行动迟缓，死蜂双翅展开，吻伸出 ………………………………	螺原体病
4. 中肠为苍白色，无光泽，环纹与弹性都已消失，后肠积粪……	孢子虫病

2. 通过鉴定病原来诊断

（1）病毒病的鉴定　病毒病的鉴定一般在症状和发生特点观察的基础上，进一步确定病原的性质和种类。该病原的种类可以通过检查细胞内含体来确定，也可以通过电子显微镜直接观察病毒的形态来识别，还可以采用血清学诊断法。

（2）细菌病的鉴定　可以直接通过镜检来鉴定，取 5～10 只病蜂，进行表面消毒后置于研钵中研碎，再加入适量无菌水制成悬浮液，取一滴该悬浮液涂片、染色、镜检。细菌种类可以通过形态观察（如形状、大小、鞭毛数目及着生部位等）和染色反应，尤其是革兰氏染色反应，以及细菌的培养特性与生理性状观察等来确定。

（3）真菌病的鉴定　主要是借助显微镜观察病原形态，如菌丝孢子和子实体的形状、大小、结构和颜色等来加以鉴定。具体方法：在载玻片上滴一滴无菌水，用镊子挑取少量菌体，放入水中并轻轻涂开，然后盖上盖玻片，置于显微镜下（400～600 倍）观察。

3. 几种常见的病虫害诊断方法（表 2－3）

表 2－3　几种常见的病虫害诊断方法

病害名称	病原	诊断方法
慢性麻痹病	慢性蜜蜂麻痹病毒	电子显微镜诊断法、血清学诊断法或 PCR 诊断法
囊状幼虫病	囊状幼虫病毒	电子显微镜诊断法、血清学诊断法或 PCR 诊断法
孢子虫病	蜜蜂微孢子虫	显微镜诊断法、免疫学诊断法及 PCR 诊断法
白垩病	蜂球囊菌	典型症状诊断法、真菌培养诊断法、显微镜诊断法及 PCR 诊断法
美洲幼虫腐臭病	拟幼虫芽孢杆菌	细菌培养诊断法、血清学诊断法、显微镜诊断法及 PCR 诊断法
欧洲幼虫腐臭病	蜂房蜜蜂球菌	细菌培养诊断法、血清学诊断法、显微镜诊断法及 PCR 诊断法

三、非传染性病害的诊断

常见的非传染性病害主要由以下几种因素造成：生理因素、环境因素、中毒。在进行判断时首先需要区分中毒与其他因素病害。具体判定方法可参考表 2－4。

表 2－4　常见的非传染性病害检索

1. 环境温湿度正常，突发性，全部蜂群都出现相同症状 ……………………………… 2
   环境出现突然性急冷后个别弱群边脾幼虫死亡，死亡幼虫位于子脾的四周………
   ……………………………………………………………………………… 冻伤幼虫
2. 多为采集蜂异常 …………………………………………………………………… 3
   多为新出房幼蜂异常，腹部膨大，中后肠充满花粉 ……………………… 花粉中毒
   所有成年蜂均出现异常，腹部膨大，体色变黑发亮，蜜囊膨大，后肠呈蓝黑至黑色 …………………………………………………………………… 甘露蜜中毒

（续）

幼虫或幼蜂异常 …………………………………………………………………… 4

3. 突然大量集中死亡，箱底大量死蜂，腹部不膨大，中肠缩短，死蜂双翅张开，腹部向内弯缩，吻伸出 ……………………………………………… 化学药物中毒

行动呆滞，腹部不膨大，中肠无变化 …………………………………… 花蜜中毒

腹部膨大，死蜂双翅张开，腹部向内弯缩，吻伸出，5～6月发病 …… 枣花中毒

4. 南方，发生于9～11月，周围有大面积茶花，大批已封盖幼虫死亡，蜂箱内有明显酸臭味 ……………………………………………………………… 茶花中毒

南方，发生于10～12月，附近有大面积油茶，幼虫与成蜂均有异常，大批已封盖幼虫死亡，蜂箱内有明显酸臭味，成蜂腹部膨大，颤抖 ………………… 油茶中毒

第三章 蜜蜂细菌病及其防治

◎本章提要

蜜蜂细菌病是由细菌引起的一类传染性极强的蜜蜂疾病。蜜蜂细菌病可导致蜜蜂幼虫、蛹或成虫患病甚至死亡。①患细菌病的蜜蜂虫尸会出现腐败，多伴有酸臭或腥臭气味。②常见的蜜蜂细菌病有美洲幼虫腐臭病、欧洲幼虫腐臭病、败血病、副伤寒病等。③对蜜蜂细菌病的防治可以从加强饲养管理入手，通过更换新王，改善蜜蜂营养做到早防早治。④蜜蜂细菌性病害的防治药物以抗生素类药物为主，但是抗生素类药物会给蜂产品带来极其严重的药物残留，对蜂产品和蜂机具也会造成污染。

第一节 美洲幼虫腐臭病

美洲幼虫腐臭病及其防治

美洲幼虫腐臭病，别名臭子病、烂子病、美洲幼虫病，是一种毁灭性蜜蜂疾病，常发生于蜜蜂幼虫期和蛹期。一般发生在夏秋季节，轻者影响蜂群的繁殖和采集力，重者造成全群或全场覆灭。此病在世界各国均有发生，20 世纪 30 年代初传入中国，目前各地仍有零星发生。世界动物卫生组织（OIE）将美洲幼虫腐臭病列为蜜蜂六大重要蜜蜂疫病之一（三类疫病），各国均将其列为重点检疫对象。

一、病原

1906 年，由 White 等将引起美洲幼虫腐臭病的病原命名为幼虫芽孢杆菌（*Bacillus larvae*）。1950 年，Katznelson 等从患有一种叫作“粉状鳞屑”罕见疾病的蜜蜂幼虫中，分离出与幼虫芽孢杆菌亲缘关系密切相关的物种，命名为粉状芽孢杆菌（*Bacillus pulvifaciens*）。1993 年，Ash 等将这两个物种归为一个新属（*Paenibacillus*）。近些年通过比较分析 16S rRNA 基因序列，重新将美洲幼虫腐臭病的病原定名为拟幼虫芽孢杆菌（*Paenibacillus larvae*），全基因组长约 4.0 Mb。

拟幼虫芽孢杆菌又分为 *P. l.* subsp. *larvae* 和 *P. l.* subsp. *pulvifaciens* 2 个亚种，前者已被确定为美洲幼虫腐臭病的病原，后者也被认为可以引起类似但症状相对较轻的病症。菌体细长杆状（图 3-1），大小（2～5）μm×（0.5～0.8）μm，革兰氏染色阳性，具周生鞭毛，能运动。在条件不利时能形成椭圆形的芽孢，中生至端生，孢囊膨大，常常游离。芽孢呈卵圆形（图 3-2），大小约 1.3μm×0.6μm。芽孢抵抗力极强，对热、化学消毒剂、干燥环境至少有 35 年的抵抗力。芽孢与蜜蜂幼虫的感病有直接关系。

图 3-1　拟幼虫芽孢杆菌（1 600 倍）

拟幼虫芽孢杆菌为兼性厌氧菌，在含有硫胺素和数种氨基酸

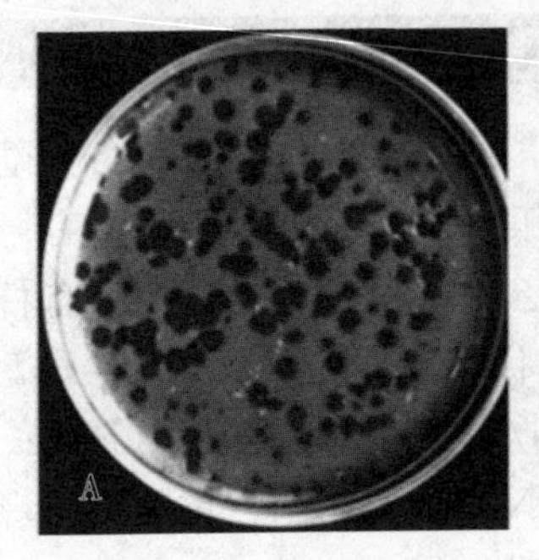

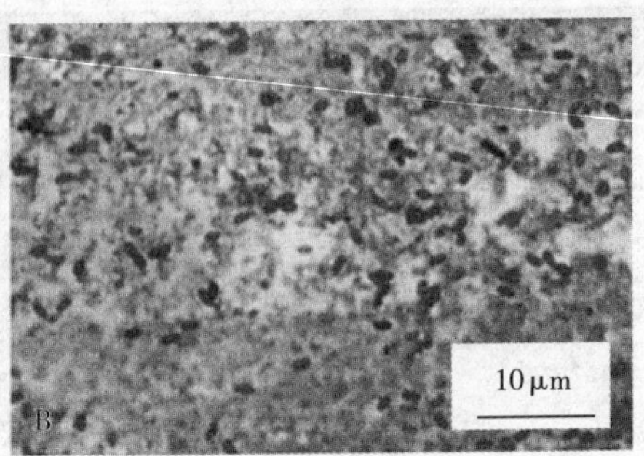

图 3-2 拟幼虫芽孢杆菌

A. 菌落 B. 芽孢

(Graaf et al., 2006)

的半固体琼脂培养基上生长良好，可以在胡萝卜—胨—酵母琼脂上生长。最适生长温度 35～37℃，最适 pH 6.8～7.0。将拟幼虫芽孢杆菌接入上述培养基内，置于 34℃下培养，一般在 48～72h 后才能出现菌落。菌落小，乳白色，圆形，表面光滑，略有突起并具有光泽。若接种到没有葡萄糖的培养基上，3～4d 形成芽孢。

二、流行

美洲幼虫腐臭病常年均有发生，夏秋高温季节呈流行趋势，轻者影响蜂群的繁殖和采集力，重者造成全场蜂群覆灭。拟幼虫芽孢杆菌主要是通过幼虫的消化道感染。带有病死幼虫尸体的巢脾是病害的主要传染源。内勤蜂在清理巢房和清除病虫尸体时，把病菌带进蜜、粉房，通过饲喂将病害传给健康幼虫。病害在蜂群间的传播，主要是养蜂人员将带菌的蜂蜜作饲料，以及调换子脾和蜂具时，将病菌传染给健康蜂。另外，盗蜂和迷巢蜂也可以将病菌传给健康蜂。还发现黄蜂也会感染和传播美洲幼虫腐臭病。西方蜜蜂比东方蜜蜂易感此病。中蜂至今尚未发现受此病的危害。

温馨提示

孵化后24h的幼虫最容易感染美洲幼虫腐臭病，老熟幼虫、蛹、成年蜂都不易患此病。

三、症状

该病常使2日龄幼虫感染，4～5日龄幼虫发病，主要使蜜蜂封盖后的末龄幼虫和蛹死亡，蛹死亡干瘪后，吻向上方伸出，是本病的重要特征（图3-3）。死亡幼虫和蛹的房盖潮湿、下陷，后期房盖可出现针头大的穿孔，封盖子脾上出现空巢房和卵房、幼虫

图3-3　美洲幼虫腐臭病的典型症状

A. 插花子　B. 典型的深棕色胶状幼虫尸体　C. 干燥至平整鳞片状虫尸
D. 死蛹吻向上方伸出

（Graaf et al.，2006）

房、封盖房相同排列，俗称“花子”或“插花子脾”。死亡幼虫失去正常白色而变为淡褐色，虫体萎缩下沉直至后端，横卧于蜂室时幼虫呈棕色至咖啡色，并有黏性，可拉丝，有特殊的鱼腥臭味。幼虫干瘪后变为黑褐色，呈鳞片状紧贴于巢房下侧房壁上，与巢房颜色相同，难以区分，也很难取出。患病大龄幼虫偶尔也会长到蛹期后才死亡。这时蛹体失去正常白色和光泽，逐渐变成淡褐色，虫体萎缩、中段变粗、体表条纹突起、体壁腐烂，初期组织疏软、体内充满液体、易破裂，以后渐出现拉丝发臭等症状。

四、诊断

1. 症状诊断法 从可疑患病蜂群中，抽出封盖子脾 1～2 张，根据上述症状进行初步诊断。若确诊需在实验室条件下对病原分离鉴定，必要时需要采用接种实验的方法来确定。

2. 病原诊断法 挑取可疑死蜂尸体少许，加少量无菌生理盐水制成悬浮液，将上述悬浮液（1～2 滴）滴在干净的载玻片上涂匀，在室温下风干。选择下列两种不同染色方法进行染色后，在显微镜（1 000 倍）下检查。

（1）孔雀绿、沙黄芽孢染色法 将涂片经火焰固定后，加 5%孔雀绿水溶液于载玻片上，加热 3～5min，用蒸馏水冲洗后，加 0.5%沙黄水溶液复染 1min，蒸馏水冲洗，用滤纸吸干，镜检。菌体呈蓝色，芽孢呈红色，即可确诊。

（2）石炭酸复红染色、碱性美蓝复染法 将涂片经火焰固定后，加稀释石炭酸复红液于载玻片上，加热沸腾 2～5min，用蒸馏水冲洗后，用 5%醋酸褪色，至淡红色为止（约 10s），以碱性美蓝液复染 30s，用蒸馏水冲洗，吸干或烘干，镜检。菌体呈蓝色，芽孢呈红色，即可确诊。

3. 生化诊断法 拟幼虫芽孢杆菌能分解葡萄糖、半乳糖、果糖，产酸不产气，不分解乳糖、蔗糖、甘露醇、卫矛醇；不水解淀粉；不产生靛基质，缓慢液化明胶，还原硝酸盐为亚硝酸盐。

取新鲜牛奶 5 滴，置载玻片上，挑取可疑患美洲幼虫腐臭病死亡的幼虫尸体悬浮液少许于牛奶中。若为美洲幼虫腐臭病死亡尸体，在40s内即可产生坚固的凝集块；而健康幼虫需要在13min以后才可产生凝集块。

温馨提示

养蜂场还可以自行进行早期诊断，对无近期病史的蜂场，这种检查亦在早春进行。若发现有病，及时对病群进行隔离治疗，同时还应仔细检查附近的蜂群是否被感染。

五、防治方法

美洲幼虫腐臭病不易根除，因此要特别重视预防工作。

1. 杜绝病原传入　越冬包装之前，对仓库中存放的巢脾及蜂具等都要进行一次彻底的消毒。生产季节操作时要严格遵守卫生规程，严禁使用来路不明的蜂蜜做饲料，不购买有病蜂群。

2. 培育抗病蜂王，养强群，增强蜂群自身的抗病性　在生产过程中，应有意识地对抗病能力强的蜂种进行选育，保存优良的遗传基因。同时要使蜜蜂得到充足的营养和休息，从而保证蜜蜂拥有健康的体质，以减少发病。

3. 隔离治疗　出现发病蜂群时，要进行隔离治疗，有病蜂群的蜂具要单独存放。

4. 对患病蜂群要采取不同方法防治　由于病原本身具有芽孢，对外界环境抵抗力很强，加上尸体黏稠，干枯后又紧贴房壁，工蜂难以清除，一般消毒剂也难渗入尸体中杀死病原。所以带病原的巢脾，就成为病害重复感染的主要传染源，难以根除。对于“烂子”面积30%以上的重病蜂群，要全部换箱换脾，子脾全部化蜡。患病较轻的蜂群要用镊子将患病幼虫清除，再用棉花球蘸上70%的酒精进行巢房消毒。蜂箱、蜂具、盖布、纱盖、巢框可用火焰或碱水煮沸消毒；巢脾可用0.5%次氯酸钠或过氧乙酸溶液浸泡24h消毒。

5. 药物治疗　治疗美洲幼虫腐臭病疗效较好的药物有四环素

和土霉素。在每千克糖浆或花粉中加入四环素或土霉素 5 万 U；使用时，选择上述药物的任何一种进行饲喂。每脾蜂喂 25～50g，每隔一天喂 1 次，一个疗程可喂 3～4 次。

温馨提示

注意严格执行休药期，大流蜜期前一个月停止喂药，同时将蜂箱中剩余的含有药物的蜜摇出，这样的蜂群可以作为生产群，继续喂药的蜂群不能作为生产群使用。

第二节　欧洲幼虫腐臭病

欧洲幼虫腐臭病是由蜂房蜜蜂球菌等细菌引起的蜜蜂幼虫传染病。以 2～4 日龄未封盖的幼虫发病死亡率最高，重病群幼虫脾出现“花子”现象，群势削弱。蜂群患病后不能正常繁殖和采蜜。该病世界各国都有发生，中蜂对该病抵抗力弱，病情比意蜂严重。

欧洲幼虫腐臭病及其防治

一、病原

20 世纪初美国 G. F. 怀特明确认为蜂房芽孢杆菌（*Bacillus pluton*）是引起意蜂欧洲幼虫腐臭病的病原，但他未能培养出菌株。1957 年英国 L. 贝利培养出菌株并对其特征进行了详细描述，重新命名为蜂房链球菌（*Streptococcus pluton*）。1982 年 L. 贝利根据其核酸含量，重新将其划入蜜蜂球菌属（*Melissococcus*），并重新命名为蜂房蜜蜂球菌（*Melissococcus pluton*）。

蜂房蜜蜂球菌为革兰氏阳性，容易脱色，披针形，单个、成对或链状排列（图 3－4 和图 3－5），大小为（0.5～0.7）μm×1.0μm。蜂房蜜蜂球菌无芽孢，不耐酸，不活动，厌氧或需微量氧的微生物，需要在含有二氧化碳的厌氧条件（25%体积）培养。在含有葡萄糖或果糖、酵母浸膏及钠/钾<1 的比率、pH6.5～6.6 的

培养基上生长良好，最适生长温度为35℃。菌落直径为1mm，深白色，边缘光滑，中间透明突起（图3-6）。

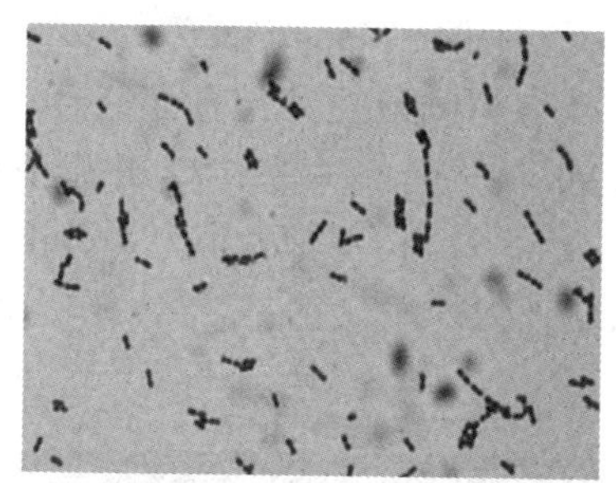

图3-4　革兰氏染色的蜂房蜜蜂球菌

(Eva Forsgren et al.，2013)

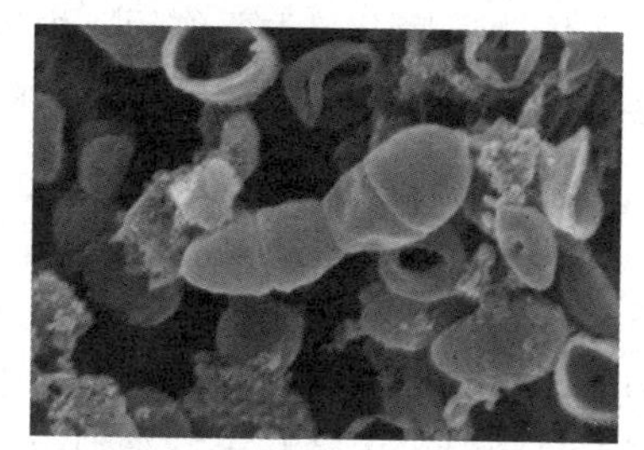

图3-5　扫描电镜下的蜂房蜜蜂球菌

(Eva Forsgren，2010)

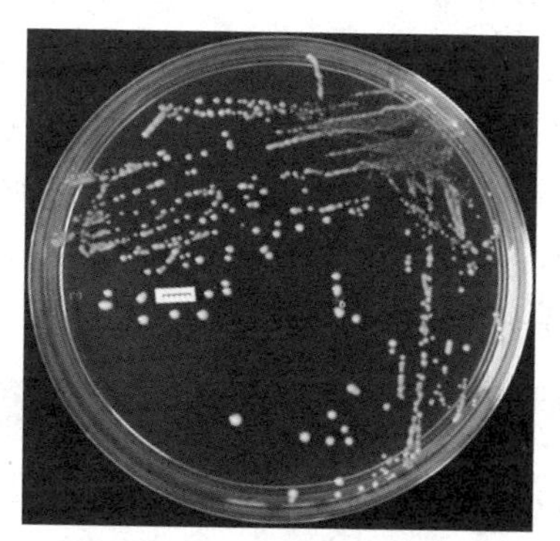

图3-6　基础培养基琼脂板上的蜂房蜜蜂球菌菌落

(Eva Forsgren et al.，2013)

另外，在欧洲幼虫腐臭病病虫中也能发现一些次生菌，如尤瑞狄无色杆菌（*Achromobacter euridice*）、粪肠球菌（*Enterococcus faecalis*）、蜂房芽孢杆菌（*Paenibacillus alvei*）、尤瑞狄杆菌（*Bacterium eurydice*）和侧孢短芽孢杆菌（*Brevibacillus laterosporus*），可能与该病有一定的关系。蜂房芽孢杆菌呈杆状，宽0.5～0.8μm，长2.0～5.0μm，芽孢大小为0.8μm×(1.8～2.0) μm。蜂房芽孢杆菌不引起任何蜂病，它的存在可作为诊断欧洲幼虫腐臭病的指示物。

二、流行

蜂房蜜蜂球菌能在病虫尸体中存活多年，在粉蜜中能保持长久的毒力。成年工蜂在传播疾病上起重要作用，内勤蜂在清除巢房病虫和粪便时，口器被病菌污染，在哺育幼虫时，将病菌传给健康幼虫。另外，盗蜂、迷巢蜂及养蜂人随意调换子脾、蜜粉脾和蜂箱也可传播病菌。

欧洲幼虫腐臭病发生在蜜蜂的小幼虫上，小幼虫吞食被蜂房蜜蜂球菌污染的食物后，病菌即在中肠繁殖，破坏中肠围食膜，然后侵染中肠上皮。到5日龄时，中肠几乎充满细菌。受感染的幼虫有时能生存到化蛹前。在幼虫化蛹前，肠道内细菌随粪便排至幼虫巢房内，成为重要的感染源。

一般该病在春天达到最高峰，入夏以后发病率下降，秋季有时仍会复发，但病情较轻。各龄未封盖的蜂王、工蜂、雄蜂幼虫均易受感染，一般是1～2日龄的幼虫感病，幼虫日龄增大后，就不易感染，成年蜂也不感染发病。东方蜜蜂比西方蜜蜂容易感染，尤以中蜂发病较重，是中蜂的主要病害之一。

三、症状

以1～2日龄幼虫染病，潜伏期2～3d，3～4日龄幼虫死亡。典型症状是使3～4日龄未封盖的盘曲幼虫死亡（图3-7）。死亡幼虫初期呈苍白色，以后变黄，然后呈棕色（图3-8）。此时，气管系统清晰可辨。有时，病虫在直立期死亡，与盘曲期死亡的幼虫一样逐渐软化，塌陷在巢房底部，尸体残余物无黏性，用镊子挑取时不能拉成细丝。另一典型症状是蜂群染病以后，子脾上出现空巢房和子房相间的“花子”脾。也有受感染的幼虫不立即死亡，也不表现任何症状，持续到幼虫封盖期再出现症状。如幼虫房盖凹陷，有时穿孔，受感染的幼虫有许多腐生菌，产生酸臭味。病虫尸体干后形成鳞片，干缩在巢房底，容易移出。

图 3-7 欧洲幼虫腐臭病的病虫症状

(Eva Forsgren et al.，2013)

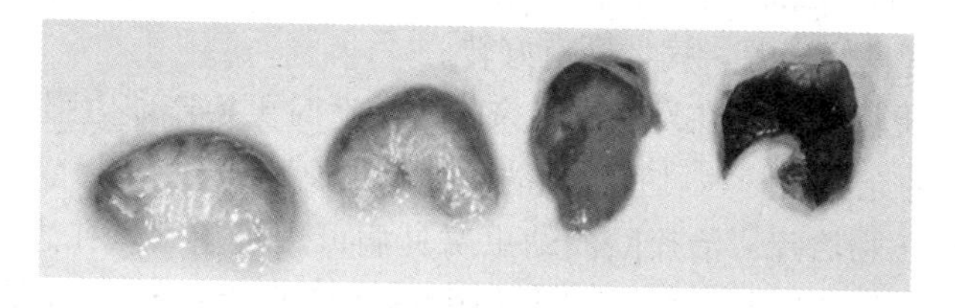

图 3-8 病虫体色变化

(Eva Forsgren et al.，2013)

四、诊断

1. 症状诊断法 从可疑患病蜂群中，挑选 1～2 张子脾，根据上述症状进行初步诊断。

2. 病原诊断法 一般采用改良悬滴法进行诊断。首先在可疑病虫材料上加一滴蒸馏水，混合后涂在盖玻片上，风干，将菌面朝上，火焰热固定。在另一干净载玻片上涂一些镜油备用。将上述盖玻片用石炭酸品红染色5～7s，再用水冲净染料。当盖玻片还潮湿时，迅速将菌面朝下，放在涂有镜油的载玻片上，即可在显微镜下观察。在有油和水的区域，看到游动的芽孢即可初步确诊。

温馨提示

判别美洲幼虫腐臭病病原和欧洲幼虫腐臭病病原的方法：美洲幼虫腐臭病病原为拟幼虫芽孢杆菌（*Paenibacillus larvae*），有布朗运动，而欧洲幼虫腐臭病的病原有蜂房芽孢杆菌，蜂房芽孢杆菌的芽孢，一般都附着在盖玻片上。

进一步确诊需分离培养病原，作生化实验鉴定，也可以采用PCR鉴定的方法进行分子鉴定。

五、防治措施

1. 加强饲养管理 保证蜂群内有充足的饲料，早春需适当地保温。欧洲幼虫腐臭病发病频繁，早期不易发现。发病轻的蜂群，周围如有良好蜜源，病情会有好转。

2. 更换蜂王 在发病高峰来临之前适时更换产卵力强的蜂王，并大量补充卵虫脾，可有效预防欧洲幼虫腐臭病。

3. 药物治疗 治疗欧洲幼虫腐臭病可用抗生素，在感染初期可采用四环素进行防治。将四环素掺在糖浆或花粉中饲喂蜂群。小群给药0.5g，大群给药1g，每隔4～5d喂1次，3次为一疗程。

第三节 败血病

败血病是一种成年蜜蜂急性细菌性传染病，多发生在春末和夏季。目前这种病害广泛发生于世界各地。中国个别蜂场偶有发生，多在北方沼泽地带，且多在西方蜜蜂上发生。

一、病原

1928 年 Burnside 鉴定病原为败血病杆菌（*Bacillus apisepticus* Burnside）。Landerkin 和 Katznelson（1959）将其重新分类命名为蜜蜂败血假单胞菌（*Pseudomonas apisepticus*），但目前仍有争论。Colwell（1970）认为，蜜蜂败血假单胞菌作为一种单独的实体存在值得讨论，需进一步研究，因此欲将此菌归入弧菌属（*Vibrio*）。

蜜蜂败血假单胞菌短杆状，大小（0.8～1.5）μm×（0.6～0.7）μm，革兰氏染色阴性，能运动，具周生鞭毛，不形成芽孢，菌体单生或成链状排列，为兼性需氧菌。在普通肉汤琼脂培养基上生长良好，在 20～37℃温度下，中性或微碱性培养基中生长最快。菌落乳白色，表面光滑，略突起，直径约 1mm，能产生蓝色色素，可将菌落周围的培养基染成浅蓝色。

蜜蜂败血假单胞菌对外界不良环境抵抗力不强，在蜜蜂尸体中的病原菌可活 30d，在潮湿土壤中可活 8 个月以上；在阳光和甲醛蒸气中，可存活 7h；在 73～74℃的热水中，经 30min、加热至 100℃时，3min 即被杀死。

二、流行

蜜蜂败血假单胞菌广泛分布在污水、土壤、厕所及患病蜂群的花粉、蜂蜜、巢脾中。蜜蜂采集污水、盗窃病群蜂蜜、互调巢脾，都是传播该病的重要途径。另外，蜂群在低洼潮湿的环境中、夏季长期阴雨、越冬窖内湿度过大、饲料含水量过高等，都是诱发败血病的因素。

三、症状

蜂群患病轻时不易察觉，继而躁动不安，拒食，无力飞翔。开始死蜂不多，病情发展迅速，只需 3～4d，就可使全群死亡。死蜂颜色变暗，变软，几丁质部分肌肉分解，肢体关节处分离，即头、胸、翅、腹、腿和触角断裂，分离成许多节片。解剖病蜂，其血淋巴变为乳白色，浓稠。

四、诊断

1. 症状诊断法 若蜂群出现上述症状，即可初步诊断为患败血病。

2. 病原诊断法 进一步取病蜂血淋巴涂片镜检，若发现血淋巴呈乳白色浓稠状；涂片用碱性美蓝染色后，置600～1 000倍显微镜下观察，发现有较多形态的短杆菌，即可确诊为败血病。

五、防治方法

1. 蜂场选择 宜将蜂群放在向阳高燥的地方。

2. 设置喂水器 蜂场设喂水器，防止蜜蜂外出采集污水。

3. 药物防治 蜜蜂败血假单胞菌对氯杀菌剂敏感。发病严重的蜂群，可采用0.5%～1%的漂白粉溶液消毒蜂箱和巢脾。对严重患病群换箱、换脾，饲喂土霉素糖浆。

第四章
蜜蜂真菌病及其防治

◎本章提要

蜜蜂真菌病是由真菌引起的一类具传染性的蜜蜂疾病。本章介绍了常见的2种蜜蜂真菌病害及其防治：白垩病及黄曲霉病。目前尚未有针对蜜蜂真菌性病害的特效防治药物，生产上多通过加强饲养管理，配合多种消毒方法来进行防治。

第一节 白垩病

白垩病又名石灰质病或石灰蜂子，1913年Massen在德国第一次报道了白垩病，1979年在北美洲开始蔓延危害。现广泛发生于欧洲、北美洲、亚洲及大洋洲的新西兰。我国于1990年发生，1991年首次报道，主要发生于西方蜜蜂，危害严重。

白垩病及其防治

一、病原

白垩病的病原是蜂球囊菌（*Ascosphaera apis*），是蜜蜂幼虫的专性寄生菌。蜂球囊菌是异菌体形，只有在两种不同株菌丝相互接触的地方才能形成孢子。孢子在暗绿色的孢子囊里形成，球状聚集。孢子囊的直径为47～140μm，单个孢子为球形，大小为（3.0～4.0）μm×（1.4～2.0）μm（图4-1）。它具有很强的生命力，在自然界中保存 15 年以上仍有感染力。

蜂球囊菌在马铃薯—葡萄糖琼脂和加入 0.4%酵母浸出液培养基或在麦芽琼脂培养基（0.5%～2%麦芽）上生长良好。有人发现，蜂球囊菌需要复合氮源，在加入 0.1%天门冬氨酰胺和 0.5%酵母浸出液培养基上，pH 近于 7 或低于 7.2 时生长良好，其生长最适温度为 30℃。

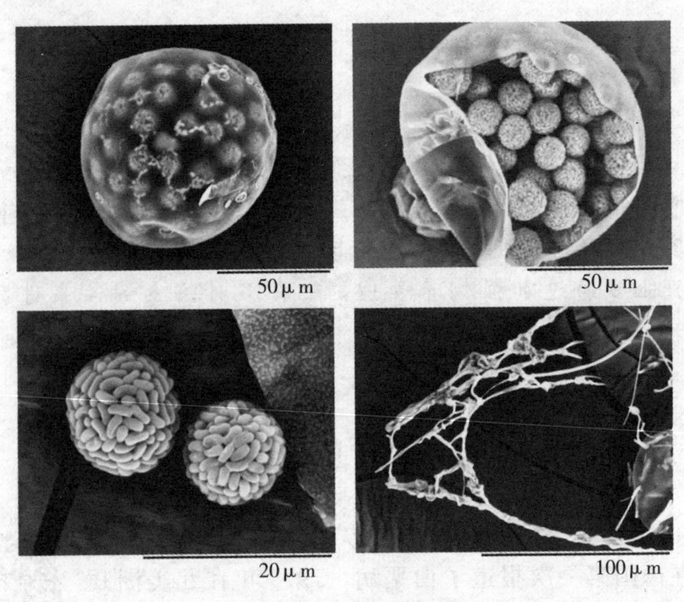

图 4-1　蜂球囊菌

二、流行

白垩病主要通过孢子传播，病死幼虫和病菌污染的饲料、巢脾都是主要传染源。蜜蜂幼虫食入蜂球囊菌污染的饲料，孢子就在肠内萌发，菌丝开始生长，尤其是在中肠，菌丝生长旺盛，然后菌丝穿过肠壁，使肠道破裂，同时在死亡幼虫体表形成孢子囊。白垩病的发生与多雨潮湿、温度不稳有关。由于蜂球囊菌需要在潮湿的条件下萌发和生长，因此，春末夏初昼夜温差较大，气候潮湿，蜂群大量繁殖，急于扩大蜂巢，往往由于保温不良或哺育蜂不足，致使外围幼虫受冷，此时最易发生白垩病，花粉缺乏可使病情加重。

三、症状

白垩病主要使老熟幼虫和蜂盖幼虫死亡，雄蜂幼虫最易感染。幼虫患病后，虫体开始肿胀并长出白色的绒毛，充满巢房。接着，虫体皱缩、变硬，房盖常被工蜂咬开。幼虫死亡以后，初呈苍白色，以后变成灰色至黑色。幼虫尸体干枯后成为质地疏松的白垩状物，表面覆盖白色菌丝。严重时，在巢门前能找到块状的干虫尸（图4-2）。

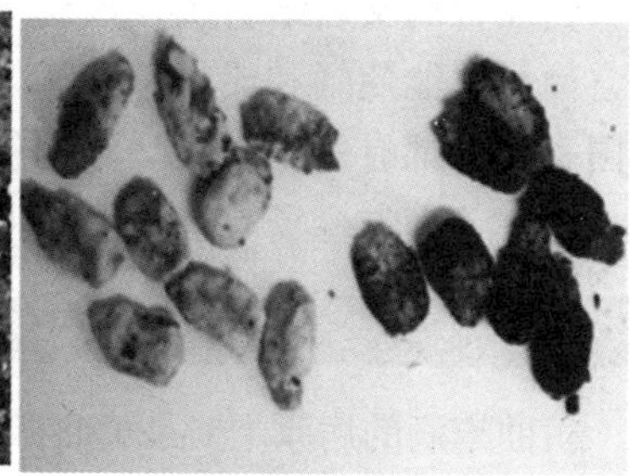

图4-2 患白垩病的蜜蜂尸体

四、诊断

1. 症状诊断法 根据病蜂典型症状和流行病学特点诊断。

2. 病原诊断法 挑取少量病死幼虫尸体表面物于载玻片上，加一滴蒸馏水，在低倍显微镜下观察，如果看到白色似棉纤维般的菌丝和含有孢子的孢子囊，孢子呈椭圆形时，即可确诊为白垩病。

五、防治方法

1. 蜂场选择 选择向阳、避雨、通风的蜂场；

2. 加强饲养管理 合并弱群，做到蜂脾相称；选择优质饲料，场地、蜂具和饲料注意消毒。蜂群发病后，除去病群中所有的病虫脾和发霉的蜜粉脾，换入干净的巢脾供蜂王产卵。抽出的巢脾用二氧化硫密闭熏蒸 4h 以上，也可用 4%甲醛溶液消毒巢脾，熏蒸过的巢脾要通风 1d，药液浸泡的巢脾要经清水洗净后方可加入蜂群中使用。

3. 药物防治 目前没有针对白垩病的特效药物，以预防为主。生产上有时采用大黄苏打片对病群进行药物治疗，也会用小苏打溶液进行防治，对病虫会有所缓解，但是很难通过药物根除。

第二节 黄曲霉病

黄曲霉病及其防治

黄曲霉病又名结石病，该病不仅可以引起蜜蜂幼虫死亡，而且也能使蛹和成年蜂致病。分布较广泛，世界上养蜂国家几乎都有发生，温暖湿润的地区尤易发病。中国浙江、福建等南方蜂场常有发生。

一、病原

黄曲霉病的病原主要是黄曲霉菌（*Aspergillus flavus*）（图 4-3），其次是烟曲霉菌（*Aspergillus fumigatus*），国外报道黑曲霉菌（*Aspergillus niger*）和该属其他物种也对蜜蜂有致病性。

黄曲霉孢子的抵抗力很强，煮沸 5min 才能杀死，在一般消毒液中需 1～3h 才能灭活。

大多数种类的曲霉会产生黄曲霉毒素，黄曲霉毒素被认为是蜜蜂感染后死亡的主要原因。然而，已经观察到一种不产生黄曲霉毒素的黄曲霉菌，接种感染蜜蜂幼虫同样能诱发黄曲霉病。

温馨提示

黄曲霉菌可以感染人的肺、眼睛、咽部、皮肤和开放性伤口，但最常见的是发生在免疫功能丧失的个体中。此外，如果吸入或摄入这些黄曲霉毒素会致癌，因此，当蜜蜂发生黄曲霉病时，需要采取预防措施以保护养蜂人和消费者。

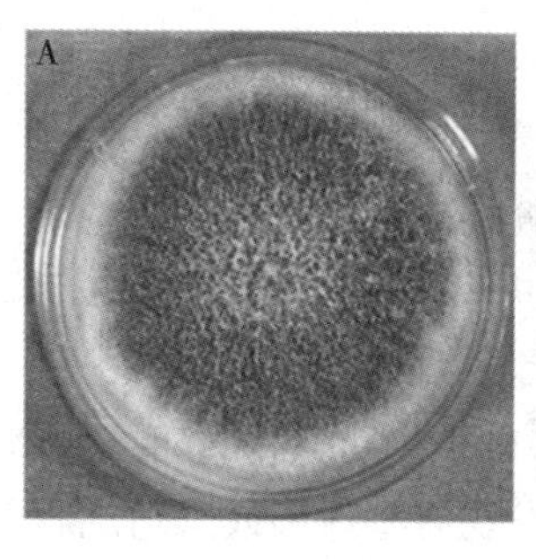

图 4－3　黄曲霉菌形态

A. 培养皿下菌落形态　B. 光学显微镜下的黄曲霉分生孢子形态

C. 电子显微镜下黄曲霉分生孢子形态

二、流行

黄曲霉菌孢子能在蜜蜂幼虫的表皮萌生，长出的菌丝体穿透到皮下组织，并产生气生菌丝和分生孢子，引起幼虫死亡。孢子落入蜂蜜和花粉中被蜜蜂吞食后，在蜜蜂的消化道萌发，形成菌丝，穿透肠壁，破坏组织，引起蜜蜂死亡。

病死蜜蜂尸体和病菌污染的饲料、巢脾都是该病的传染源，主要通过落入蜂蜜或花粉中的黄曲霉孢子传播。

三、症状

幼虫和蛹死亡后最初呈苍白色，以后逐渐变硬，形成一块坚硬的如石子状的东西，并在表面长满黄绿色的孢子，若轻微振动，就会四处飞散。大多数受感染的幼虫和蛹死于封盖之后，尸体呈木乃伊状坚硬。成年蜂感染后，行动迟缓、失去飞翔能力，常常爬出巢门而死亡。死亡后身体变硬，在潮湿的条件下，可见腹节处穿出菌丝。

四、诊断

1. 症状诊断法　根据典型的症状，可做出初步诊断。

温馨提示

有时会将黄曲霉病与白垩病相混淆，这两种病的不同之处是黄曲霉病能够使幼虫、蛹和成年蜂发病，而白垩病只引起幼虫发病。

2. 显微镜诊断法 在症状诊断的基础上，可挑取幼虫尸体表面物少许，在实验室通过镜检诊断。若发现有呈球形或三角烧瓶形的疏松孢子头，并有许多呈圆形或近圆形，带黄绿色、表面粗糙的分生孢子时，即可诊断为黄曲霉病。

五、防治方法

1. 场地选择 蜂场应选择干燥向阳的地方，避免潮湿。

2. 加强饲养管理 应时常加强蜂群通风，扩大巢门，尤其雨后应尽快使蜂箱干燥。

3. 更换新王 蜂王患病应及时更换。

4. 消毒 首先，除去病群内所有的病虫脾和发霉的蜜脾和粉脾，加入清洁无病菌的巢脾供蜂王产卵。其次，将换下的巢脾在15%甲醛加5%氢氧化钠溶液中浸泡6h，或在10%过氧化氢加0.5%甲醛溶液中浸泡4h，除去消毒液，用清水冲洗，晾干备用。

5. 药物治疗 患病蜂群可用0.1%麝香草酚糖浆进行饲喂，每隔3d喂1次，连续治疗3～4次。使用前，将麝香草酚先用95%酒精溶解后再加入糖浆内。

第五章
蜜蜂病毒病及其防治

◎本章提要

蜜蜂病毒病具有感染不易发现，潜伏期长等特点。大部分蜜蜂病毒都是小 RNA 病毒，不具有包膜结构。蜜蜂病毒普遍存在于蜂群中，可在蜂巢内、蜜蜂的各种食料中检出，也可在蜂群中不同发育阶段——卵、幼虫、蛹和成虫内检出。只有当蜜蜂体内病毒拷贝量到达一个临界值时，疾病才会发生。正常情况下多数带毒蜜蜂个体并不表现不良症状，同时多数蜜蜂疾病的发病症状是多因素作用的结果，所以多数情况下仅依靠发病症状进行诊断是无法获得准确可信的结论。相对于其他的病原体，蜜蜂病毒的多样性和急性危害是导致难以诊断的一个重要原因。

本章中只介绍我国分布最广且危害较为严重的病毒病，包括囊状幼虫病、蛹病、慢性麻痹病、急性麻痹病及其他新发病毒病。

第一节 囊状幼虫病

囊状幼虫病及其防治

1917 年，White 等发现蜜蜂患有囊状幼虫病；1963 年，Bailey 等从患该病的幼虫中分离到囊状幼虫病毒（*Sacbrood virus*，SBV）。1971 年，我国广东省暴发了中华蜜蜂囊状幼虫病。病原为中华蜜蜂囊状幼虫病毒(*Chinese scabrood virus*，CSBV)。

一、病原

病毒粒子为二十面体，直径为 28～30nm；无囊膜，RNA 型核酸。被归为小 RNA 样病毒科软化病毒属。目前随着冷冻电镜技术的进步，蜜蜂囊状幼虫病毒结构及其病毒基因组释放机制相继被报道。

二、流行

我国南方多发生于 2～4 月和 11～12 月，北方多发生于 5～6 月。患病幼虫及健康带毒的工蜂是主要污染源，通过消化道感染是病毒侵入蜜蜂体内的主要途径。该病毒可通过空气传播，蜂群内主要通过个体间食物传递。蜂群之间通过子脾、蜂具混用、操作人员带菌接触和迷巢蜂、盗蜂直接传播。

三、症状

一般幼虫在 6～7 日龄时开始大量死亡，约有 2/3 死于封盖后。死亡幼虫头部上翘，身体由白色变成褐色，无臭味，干涸，用镊子夹出时呈囊袋状。部分巢盖为黑色，下陷，有穿孔。子脾具有插花现象。

四、诊断

1. 症状诊断法 结合其流行病学特点和典型症状进行初步诊断。

2. 血清学诊断法及分子诊断法 该病毒可利用抗血清反应鉴定；也可利用 RT－PCR、巢式 PCR 和 ELISA 方法鉴定。Chen 等设计了引物 SBV－F：5′－GCTGAGGTAGGATCTTTGCGT－3′和 SBV－R：5′－TCATCATCTTCACCATCCGA－3′，能扩增到该病毒一种结构蛋白基因 824bp 的片段。

五、防治方法

1. 选育优良蜂王，饲养强群，实行定点定地饲养。

2. 严格消毒　蜂场和蜂具需严格消毒，隔离病蜂。

3. 药物防治　处方为茯苓500g、紫草500g、板蓝根500g、金银花500g、紫花地丁500g、枯矾250g、黄檗250g和利福平胶囊200粒，7d用药一次，连续3次为一疗程。

第二节　蛹　病

20世纪80年代初，蛹病首先在我国云南和四川省西方蜜蜂中发生，而后蔓延至全国，中蜂较少发病；其他国家未见报道。

一、病原

蜜蜂蜂蛹病毒（*Bee pupa virus*，BPV）病毒粒子呈球形，直径约20nm，无囊膜，核酸型为双链RNA。

二、流行

每年春秋两季为发病高峰期，老蜂王群易发病，且发病严重。病死蜂蛹和患病蜂王为传染源，被污染的巢脾和蜂具是主要的传播介质。

三、症状

死亡的工蜂蛹多呈干枯状，由灰白色逐渐变成浅褐色或深褐色，有死蜂蛹的巢房被工蜂咬破，露出头部，蛹头为白色，呈“白头蛹”状。可见体弱和发育不全的幼蜂，工蜂行动疲惫，采集和分泌王浆的能力，以及对幼虫的哺育力极差，蜂蜜和王浆产量明显降低，有的病群出现失王和自然交替现象，甚至导致病群飞逃。

四、诊断

1. 症状诊断法　结合其流行病学特点和典型症状进行初步

诊断。

2. 电镜诊断法 镜检取发病蜂蛹 20～30 只研碎，制成镜检液在电子显微镜下检查，若发现有较多的大小约为 20μm 的椭圆形病毒粒子即可作出初步诊断。

五、防治方法

1. 严格消毒，切断传染途径 春繁前蜂箱、蜂脾、用具等都应严格消毒，杀灭病毒，切断传染途径。蜂脾可用硫黄熏蒸消毒。蜂场用风化石灰撒施，以杀灭蜂场病毒。发现有死蜂蛹时，应把病群搬到 3km 以外，避免传染。选择放蜂场地时，避免进入此病流行区。

2. 饲养强群，合并弱群 强群蜂多力量大，一有病蜂就拖出巢外，减少了传染接触面，抑制蜂病的发展。弱群由于蜂少力量弱，很难及时清除病尸，所以传染快，病情重。

3. 补充营养，增强抗病能力 喂饲的粉质量要好，花粉要新鲜，尤其是外界粉蜜源不足时，必须补充糖和花粉。并在饲料糖中加入适量维生素和微量元素，促进蜂体健壮，增强抗病能力。

4. 选育抗病力强的蜂王 从蜂种上增强自身抗病能力，选育抗病力强的蜂王，淘汰劣王、老王。

5. 药物治疗 可将板蓝根、金银花、大青叶、连翘和贯众经煎煮后，配制 1∶1 的糖浆进行饲喂。

第三节 慢性麻痹病

1963 年，Bailey 等首次分离到该病毒。慢性麻痹病在世界范围内普遍发生，有研究认为，蜜蜂慢性麻痹病是导致蜂群数量持续下降的七大常见蜜蜂病毒病之一。该病在我国春季和秋季的成年蜂中发生极为普遍。说蜜蜂麻痹病难缠，不是说它难治，而是蜜蜂太容易患此病且极易复发。

慢性麻痹病及其防治

一、病原

慢性蜜蜂麻痹病毒（*Chronic bee paralysis virus*，CBPV）传染病。病毒粒子大多为椭圆形颗粒，单链 RNA。纯化的该病毒制剂含有许多不等轴的颗粒。

二、流行

有学者认为慢性麻痹病没有明显的季节差异，但也有学者发现，秋天慢性蜜蜂麻痹病病毒制剂中长形颗粒较春天的多，而该病最大感染力与最长颗粒有关，长颗粒可能具有完整的遗传信息，感染力强，而短颗粒的遗传信息可能有缺损。病毒通过蜜蜂的分食、蜂体间的摩擦和借助蜂螨传播。

三、症状

秋季以“黑蜂型”为主，病蜂身体瘦小，绒毛脱落，全身油黑发亮，像油炸过一样，翅残缺，失去飞翔能力，不久衰竭死亡。春节以“大肚型”为主，病蜂腹部膨大，解剖后观察，蜜囊内充满液体，身体不停地颤抖，翅与足伸开呈麻痹状态。

四、诊断

该病可通过典型症状诊断或血清学试验鉴定，也可利用 ELISA 方法进行鉴定；另外可进行 RNA 提取，再进行 RT－PCR 鉴定，Ribiere 等设计了引物 CBPV－F：5′－AGTTGTCATGGTFAACAGGATAC——GAG－3′和 CBPV－R：5′－TCTAATCTTAGCACGAAAGCCGAG－3′，用于扩增 CBPV 的 RNA 聚合酶基因 455bp 的片段。

五、防治方法

1. 注意防潮 注意保持蜂群干燥，防止蜂群受潮，将蜂群迁移到向阳干燥的地方，要利用通风的方法控制好湿度。

2. 使用升华硫 升华硫对病蜂有驱杀作用，患病蜂群每群每次用 10g 左右的升华硫，撒布在蜂路上、框梁上或蜂箱底部，可以有效控制慢性麻痹病的发展。发病初期采用框梁、箱底撒升华硫的方法配合健康蜂赶走部分病蜂，撒 2 次升华硫之后，迅速将蜂群搬至 5km 之外，最好是白天大开巢门运蜂。

3. 更换蜂王 更换蜂王是治疗麻痹病的有效措施，应异地引种，避免长期近亲繁殖。

4. 使用抗病毒草药 具有抗病毒作用的中草药如金银花、大青叶、贯众、连翘、板蓝根等，可根据经验使用。

温馨提示

慢性麻痹病症状与孢子虫病极为相似，较难区别。我们可以从以下几个方面确诊：①患慢性麻痹病的蜜蜂爬得漫无目的、有气无力、左右不定，有的在爬行过程中还向其他病蜂讨要食物，其肢残而胃口尚好。而患孢子虫病的蜜蜂爬起来像赶集一样，成群结队地向低洼处爬去。②患慢性麻痹病的爬蜂其腹内是空的或是水，而患孢子虫病的爬蜂其腹内是浑浊且具有酸臭味的稀液。

第四节 急性麻痹病

急性麻痹病是由急性蜜蜂麻痹病毒（*Acute bee paralysis virus*，ABPV）引起的成年蜂传染病。该病在英国、澳大利亚、法国、俄罗斯和中国均有发生，通常为隐性感染。

一、病原

该病毒粒子直径 30nm，二十面体，无核膜，正链 RNA，基因组大小为 9 470 nt，有人建议归为类蟋蟀麻痹病病毒属。该病毒是已知的唯一自然交替寄主的蜜蜂病毒。

二、流行

急性麻痹病经口侵染引起蜂群发病的概率不高，主要是由于大蜂螨这个媒介起作用。通常引起隐性感染，一般发生在表面健康的蜜蜂，未发现在自然界传播而引起蜜蜂麻痹与死亡。

三、症状

尚无发现蜜蜂自然感染该病的报道。

四、诊断

通过电镜、血清学诊断，还可利用 RT－PCR 进行鉴定，DonStoltz 报道该病毒 RNA 聚合酶基因引物 KBV1：5′－GATGAACGTCGACCTATTGA－3′和 KBV2：5′－TGTGGGTTGGCTAT——GAGTCA－3′，能扩增到 414bp 的片段。

五、防治方法

参照慢性麻痹病。

温馨提示

麻痹病与农药中毒比较容易分辨。农药中毒来得十分突然，井然有序的蜂群突然大乱，众多蜜蜂在地上翻滚、狂躁、追人叮咬，死蜂遍地。而患麻痹病的蜂场较为安静。前者是短时间内大量死亡，后者不论急、慢麻痹病都有几天的发病、死亡过程。

第五节 其他新发病毒病

目前已从世界各地的蜂群中发现了许多新的病毒病。这些病毒病当中有些我国目前还未发现。但是，通过蜜蜂引种、输入、输出以及其他媒介的传播，新的病毒病今后有可能被带入我国。因此，我们有必要对已确定的病毒病有所认识。

一、缓慢性麻痹病

该病是由缓慢性麻痹病病毒（*Slow paralysis virus*，SPV）引起的成年蜂传染病，目前在我国尚未发现。

该病毒粒子为二十面体，直径约30nm，核酸型为RNA型。病毒注射成年蜂后12d左右死亡。在死亡前1～2d，前两对足出现典型的麻痹症状。

二、克什米尔病毒病

在1977年，从印度蜂体内分离到该病毒即克什米尔蜜蜂病毒（*Kashmir bee virus*，KBV）。随后在澳大利亚蜜蜂、加拿大、西班牙、新西兰的蜜蜂体内检测到该病毒。隐性传播。

该病毒粒子直径为30nm，二十面体，核酸型为RNA型。

该病毒随蜂螨传播，蜂蛹最敏感。Anderson和Oibbs指出当与孢子虫病和欧洲幼虫腐臭病合并感染时，该病可引起较大的损失。

三、黑蜂王台病毒病

该病是由黑蜂王台病毒（*Black queen cell virus*，BQCV）引起的蜂王幼虫病害。在北美洲、英国和澳大利亚均有发现。

该病毒粒子直径30nm，二十面体，蟋蟀麻痹病毒属。幼虫死亡发生于前蛹期，虫尸为暗黄色，有一层坚韧的囊状外表皮，类似蜜蜂囊状幼虫病。王台同时变成黑色。

四、蜜蜂X病毒病和蜜蜂Y病毒病

两种病毒均引起蜜蜂成年蜂发病，已在英国、法国、美国及澳大利亚发现。

病毒粒子直径为35nm，二十面体，核酸型为RNA型。蜜蜂

X 病毒由蜜蜂马氏管变形虫传播，侵染蜜蜂肠道组织。在两者共同作用下，蜜蜂寿命明显缩短，给蜂群越冬带来极大损失。蜜蜂 Y 病毒仅能通过蜜蜂微孢子虫在蜜蜂肠道内造成的伤口侵入细胞，引起的症状尚不清楚，但该病毒的存在增加了蜜蜂微孢子虫的致病作用。

五、阿肯色蜜蜂病毒病

该病是由阿肯色蜜蜂病毒（*Arkansas bee virus*，ABV）引起的成年蜂病害，仅在美国发现。

该病毒粒子直径 30nm，二十面体，核酸型为 RNA 型，该病毒为隐性感染，使病蜂于患病后 10～25d 死亡，不表现明显可识别的症状，常与慢性麻痹病并发。

六、埃及蜜蜂病毒病

该病是由埃及蜜蜂病毒（*Egypt bee virus*，EBV）引起的一种蜜蜂成年蜂病害。1979 年，在埃及的西方蜜蜂体内分离到该病毒。1990 年，冯峰首次在国内意蜂体内分离到该病毒。病毒粒子直径为 30nm，二十面体，核酸型为 RNA 型。该病毒为隐性感染，除分离出病毒粒子外，对其引起的症状及发病规律尚不清楚。

七、蜜蜂线病毒病

该病是由蜜蜂线病毒（*Bee filamentous virus*，BFV）引起的蜜蜂成年蜂病害，已在北美洲、澳大利亚、日本、英国和俄罗斯境内发现。

该病毒呈线状，大小为 150nm×450nm，核酸型为 DNA 型。仅在被蜜蜂微孢子虫侵染个体的脂肪及卵巢组织增殖。病蜂血淋巴由无色透明变成不透明的乳白色，同时病毒能增强蜜蜂微孢子虫的致病作用。

八、蜜蜂云翅粒子病

该病是由蜜蜂云翅粒子（Bee cloudy wing particle）引起的蜜蜂成蜂病害，已在英国、埃及、澳大利亚和中国发现。

该病毒粒子直径 17nm，二十面体，核酸型为 RNA 型。该病毒经由蜜蜂气管系统传播，侵染翅基的肌纤维，使双翅翅膜混浊不清，失去透明性，患病个体迅速死亡。

九、蜜蜂虹彩病毒病

该病是由蜜蜂虹彩病毒（*Bee iridescent virus*，BIV）引起的，现仅在印度与克什米尔地区发现，侵染印度蜜蜂。

该病毒粒子直径为 150nm，二十面体，核酸型为 DNA 型。该病毒使蜜蜂失去飞翔能力，多在夏季发病。被感染的组织变成蓝色。

十、蜜蜂残翅病毒

蜜蜂残翅病毒（*Deformed wing virus*，DWV）是欧洲国家蜂群中最普遍的病毒。通常认为由大蜂螨进行传播，但也有不同看法。据 Sirikarn Sanpa 于 2009 年 2 月报道，成年蜂和蜂蛹感染最多的病毒是 DWV，并且其感染与螨害无关。DWV 为正链 RNA 病毒，属传染性家蚕软化症病毒属。20 世纪 80 年代初期，首先在日本分离到该病毒，目前在世界范围内流行。感染 DWV 的幼虫羽化后翅膀残缺并且腹部缩短，有的在蛹期即死亡；成年蜂寿命缩短。我国尚无此方面的研究报道。

十一、蜜蜂攻击病毒

蜜蜂攻击病毒（*Kakugo virus*，KV）由日本 Tomoko Fujiyuki 等人从好斗工蜂的头部分离得到，正链 RNA 病毒。国内尚无相关研究报道。

十二、狄斯瓦螨病毒-1

狄斯瓦螨病毒-1（*Varroa destructor virus* 1，VDV-1）从狄斯瓦螨体内分离到。该病毒能在蜜蜂体内繁殖，但不表现明显症状，病毒粒子直径 27nm，正链 RNA 病毒，与 DWV 的基因组序列相似性为 84%，聚合蛋白相似性为 95%，国内尚无相关研究报道。

第六章

蜜蜂螺原体病及其防治

蜜蜂螺原体病在全国各地均有分布，于1988年首先发现于浙江，而后迅速蔓延至江苏、四川、江西、安徽、湖南、湖北、河南、河北、宁夏、山东、辽宁、吉林、内蒙古、福建、陕西、北京、天津等地。

一、病原

螺原体病的病原是一种呈螺旋状，无细胞壁的原核生物。1976年，Clark 等在患病工蜂体内分离到螺原体（*Spiroplasma melliferum*）；1977—1980年，在欧洲爆发“五月病”（May disease），其病原是另一种螺原体（*Spiroplasmosis apis*）。

螺原体属于螺原体科（*Spiroplasmataceae*），螺原体属（*Spiroplasma*）。蜜蜂螺原体存在于植物花粉中和蜜蜂体内。该菌呈螺旋状的丝状体，无细胞壁，由细胞膜包围。菌体直径约0.17μm，长度在生长初期较短，呈单条丝状，而后期较长，有时分枝聚团；革兰氏染色阴性，但不易着色。*Spiroplasmosis apis* 基因组大小为1 350kb，*Spiroplasma melliferum* 基因组为1 460kb。

二、流行

长期转地饲养的蜂群较定地饲养发病率高且病情重。另外，只在开花期进行王浆生产的蜂群较常年连续生产王浆的蜂群的抗病性强，且发病少。该病的流行随着蜜源植物的花期由南向北进行传播，江浙地区每年4、5月为发病高峰期；当油菜花期结束时病情趋于好转。华北地区发病高峰期出现在 6、7 月的刺槐和荆条花期，尤其在荆条花期时病情最严重。

蜜源植物是螺原体的主要传播媒介，被病菌污染的蜂具和饲料是传染源。1992 年，董秉义等人证实蜜蜂幼虫、蛹、幼蜂和健康蜂均为健康带菌者。病原在蜂群内是通过内勤蜂饲喂幼虫或清扫巢房等工作时进行传播的；健康蜂是病原的传播者，并且是主要传播途径；蜂具和饲料是主要传播介质。

三、症状

该病的显著特点是患病蜂大多是青壮年采集蜂，病蜂在蜂箱前爬行，不能飞翔，行动迟缓，三五成堆的集聚在土洼或草丛中，抽搐死亡；死蜂双翅展开，吻吐出，似中毒症状。

温馨提示

螺原体病和中毒症状的区别是病蜂在地上不旋转和翻跟斗，且蜂巢内秩序正常。

四、诊断

1. 症状诊断法 结合其流行病学特点和典型症状进行初步诊断。

2. 显微镜诊断法 取待检蜜蜂 10 只放在研钵内，加无菌生理盐水 5mL，研磨、匀浆，5 000rpm 离心 5min，取上清液涂片，置1 500倍相差显微镜下观察，在暗视野中可见到晃动的、拖有一条丝状体，并原地旋转的菌体即可诊断为该病。

3. 分子诊断法 利用 16S RNA 特异性引物 F28：5－CGCAGACGGTTTAGCAAGTTTG——GG－3′和 R5：5′－AGCACCGAACTTAGTCCGACAC－3′，能扩增到 271bp 的基因片段。

五、防治方法

该病单独出现较少，多与其他蜜蜂病害混合发生，因此防治时需采用综合防治措施。

1. 选育抗病蜂种 淘汰抗病力差的蜂种，选育抗病力强的蜂群，更换陈旧巢脾和老弱蜂王。

2. 加强饲养管理 饲喂优质无污染的饲料，选择无病原的放蜂场地，春季注意对蜂群保温，并做到通气良好等。

3. 严格消毒 除平时做好消毒工作外，在春冬季节需对巢脾、蜂具、场地和越冬场所进行严格的消毒。

4. 药物治疗 用 50～100g 生姜煎汁，再与 10kg 糖浆混匀后喂蜂，用量为每群 300～500mL，每天喂 1 次，连喂 5～10d；也可用 50～100g 蒜和 50g 甘草浸泡于 200mL 白酒中 15d，后取上清液与 10kg 糖浆混匀后喂蜂，用量为每群 0.3～0.5kg，每天喂 1 次，连喂 2 个疗程。

第七章
蜜蜂原生动物病及其防治

第一节　孢子虫病

孢子虫病只侵染蜜蜂各个日龄的成蜂，不侵染卵、幼虫和蛹。

一、分布与危害

孢子虫病又称微粒子病，是成年蜂一种常见的消化道传染病。蜜蜂微孢子虫寄生在蜜蜂中肠上皮细胞内，蜜蜂正常消化机能遭到破坏，患病蜜蜂寿命很短，很快衰弱、死亡，采集力和腺体分泌能力明显降低，对养蜂生产影响较大。同时，由于中肠受到破坏，其他病原物更容易侵染蜜蜂，进而造成并发症。蜜蜂微孢子虫不但侵染西方蜜蜂也侵染东方蜜蜂，但东方蜜蜂尚未发现流行病。

20 世纪 50 年代初中国就有疑似本病的存在。1957 年，孢子虫病在浙江省的江山、临海等县呈地方性流行，发病率达 70%，死亡率较高；进入 20 世纪 70 年代后，孢子虫病传遍全国各地，危害已经比较严重。随后几年，养蜂工作者们通过对孢子虫病的研究发现，加强饲养管理，配合适当消毒和药物治疗，能够使孢子虫病的发病率大大降低。但是近几年来，该病在我国有扩大的趋势，尤其是在早春和晚秋时期。

二、病原

1882 年，Balbiani 将蜜蜂微孢子虫归属于原生动物并称为微孢子虫，其后这一分类地位逐渐得到了微生物界的普遍认同并一直沿用至今。微孢子虫的传统生物学分类标准主要依据孢子的形态、超微结构、宿主域和生活史特征等，其中生活史是重要的分类依据之一。

蜜蜂微孢子虫（*Nosema apis* Zander）属于微孢子虫纲，微孢子虫目，微孢子虫科，微孢子虫属，蜜蜂微孢子虫。蜜蜂微孢子虫长椭圆形，米粒状，长4～6μm，宽2～3μm（不同发育阶段大小不同），外壁为孢子膜，膜厚度均匀，表面光滑，具有高度折光性，孢子内藏卷成螺旋形的极丝。完全靠蜜蜂体液进行营养发育和繁殖 。

三、生活史及生活习性

蜜蜂微孢子虫繁殖方式有2种：无性繁殖和孢子生殖。在蜜蜂体外时，其以孢子形态存活，发育周期比较短，约48h即可完成一个生活周期，无性繁殖过程为，孢子放出极丝形成游走体→单核裂殖体→双核裂殖体→多核裂殖体→双核裂殖子→初生孢子→成熟孢子。孢子生殖方式即1个孢子直接分裂形成2个孢子。

蜜蜂微孢子虫可感染成年蜂和刚出房的幼蜂。在31～32℃下，成年蜜蜂吞食孢子后36h即可受到感染，刚出房的幼蜂47h就能被感染。孢子最初侵入中肠后端的上皮细胞，感染时间越长，受害越重，86h后中肠后端的上皮细胞几乎全被蜜蜂微孢子虫所充满。和其他原生动物一样，蜜蜂微孢子虫对外界不良环境的抵抗能力极强。

四、侵染过程及传播途径

1. 侵染过程 蜜蜂微孢子虫在体外以孢子形态生存。孢子一般通过混入食物或水中进入蜜蜂中肠。在蜜蜂中肠碱性环境的刺激下，孢子壁通透性改变，内部渗透压升高，压迫极丝从顶端的极帽处射出，刺入蜜蜂的中肠细胞，之后孢原质通过中空的极丝进入寄主细胞中增殖。蜜蜂微孢子虫侵染寄主细胞是以其特有的细胞结构为基础的，与侵染有关的孢子结构主要是孢子壁和发芽装置。蜜蜂微孢子虫的大量增殖将造成年蜂中肠上皮破坏、脱落，并借此进入肠腔，随粪便排出体外侵染其他健康蜜蜂。

2. 传播途径 当蜜蜂进行清理、取食或采集时，蜜蜂微孢子虫经口器进入消化道，在中肠上皮细胞内发育、繁殖。患病蜜蜂是本病传播蔓延的根源，病蜂排泄含有大量孢子的粪便，可污染蜂箱、巢脾、蜂蜜、花粉、水源，蜜蜂采集花蜜和花粉时可能也会传播蜜蜂微孢子虫。患病蜜蜂采集的花粉和花蜜有可能带有大量病原，是潜在的、危害极大的传染源。孢子虫病的远距离传播，主要是通过蜂产品（主要是花粉）交易、蜂种交换和转地放蜂等造成的。

五、诊断方法

1. 症状诊断法 孢子虫病主要作用在蜜蜂的消化系统。中肠病理变化引起的症状比较明显，同健康蜜蜂相比有显著差别，如有可疑蜂群患孢子虫病时，可以取新鲜病蜂数只，剪去头部，用镊子或手夹住蜜蜂尾部末节拖拽即可把蜜蜂中肠取出，仔细观察，如发现蜜蜂中肠膨大，呈乳白色，环纹不清，失去弹性和光泽，即可初步确定为孢子虫病。健康蜜蜂的中肠呈赤褐色，环纹明显，并且具有弹性和光泽。

2. 病原学诊断法 为了能准确无误确定病原，我们还必须做镜检，方法如下：随机取疑似患孢子虫病蜂群中的新鲜病蜂 20 只放在研钵中研碎后加蒸馏水 10mL，混匀制成悬浊液，取一滴置于载玻片上，盖上盖玻片在 400 倍显微镜下观察，若发现有椭圆形、带有折光性的米粒状孢子，即可确诊为孢子虫病。

温馨提示

蜂王比工蜂对孢子虫病的抵抗能力强，但是依然有可能患此病，如果蜂王患病不但可以传播给蜂群中其他蜜蜂，还会身体衰弱，产卵力下降，给蜂群发展带来极为不利的影响。由于蜂王在蜂群中的特殊性，对蜂王只能采用活体检验法，方法如下：抓取蜂王将其扣在纱笼或玻璃杯中，下垫一张白纸，待蜂王排便后取少许粪便，然后涂片、镜检。检查完成后将蜂王放回原群。

3. 免疫学诊断法 寄主感染蜜蜂微孢子虫后，由于蜜蜂微孢子虫蛋白的特异性，在血清中会产生特异性蜜蜂微孢子虫抗体，可利用间接免疫荧光抗体法或酶联免疫吸附法来检查寄主血清中抗体的相对水平，这种方法相对是比较可靠的。1986年，钱元骏等通过家蚕微孢子虫的抗血清与蜜蜂微孢子虫进行凝集实验表明：该方法不但可以检测孢子虫的存在，而且还具有种间的特异性。

4. 分子生物学诊断法 分子生物学方法应用在蜜蜂微孢子虫诊断上的时间较短。由于蜜蜂微孢子虫的常规诊断方法较为简单有效，所以，分子生物学方法主要是用来对采集到的蜜蜂微孢子虫进行分类研究。

六、防治方法

1. 加强饲养管理 越冬饲料要求不能含有甘露蜜。北方饲喂越冬饲料前时最好对蜂群做一次检查，如果在巢脾上的蜂蜜或花粉中发现有孢子虫病则要尽快治疗。

2. 严格消毒 已受污染的蜂具、蜂箱，用2%～3%氢氧化钠溶液清洗，再用火焰喷灯消毒。巢蜜用4%的冰醋酸消毒，收集并焚烧已死亡的病蜂。春季是孢子虫病的高发期，繁殖前应对所有养蜂器具进行彻底消毒，蜂箱、巢框可以用喷灯进行火焰消毒，或者用2%～3%的烧碱（氢氧化钠）溶液清洗。

3. 药物防治 蜜蜂微孢子虫在酸性环境中会受到抑制。根据这个特性，在早春繁殖时期可以结合蜂群的饲喂选择柠檬酸、米醋等配制成酸性糖水，1kg糖水中加入柠檬酸1g或米醋50mL，这样就能在春季对孢子虫病的发生起到一定预防作用。

温馨提示

使用药物防治使需注意：①在生产期和生产期前一个月坚决不用化学药剂防治，防治时要最大限度降低药物给蜂产品带来的残留。②要严格按照药物使用说明中的施用剂量来使用，合理计划用药次数。③尽量不要常年施用一种防治孢子虫病药物，也不要大量、随意施用。

第二节 阿米巴病

阿米巴病是由蜜蜂马氏管变形虫（*Malpighamoeba mellificae*）侵袭成年蜂马氏管所引起的一种传染病，又名变形虫病，1916年马森首先在欧洲发现，是成年蜂的马氏管病，该病在欧洲较为流行，特别是德国、瑞士和英国。此病常与孢子虫病并发，而且危害大于两病单独发作。

一、形态特征及生活习性

蜜蜂马氏管变形虫寄生在成年蜂马氏管里，整个发育过程分营养体阿米巴（变形虫）和孢囊两个时期。

蜜蜂马氏管变形虫在蜜蜂体外以孢囊的形式生活，孢囊近似球形，大小为6～7μm，有较强的折光性。孢囊外壳有双层膜，表面光滑，难以着色，孢囊内充满细胞质，中间有一个较大的细胞核，细胞核内含一个大的核仁。孢囊会随蜜蜂的粪便排出体外，成为传染源。

孢囊与食料或水进入蜜蜂体内，到达马氏管后，形成营养体阿米巴，由细胞核和细胞质组成。阿米巴寄生于蜜蜂马氏管内，借助于伪足运动，钻入马氏管上皮细胞间隙并且从中吸取营养，如果遇到不良条件可停止发育形成孢囊，从而抵抗低温、干燥等外界的不良条件。如果外界环境改善，孢囊又会萌发成变形虫营养体。30℃下经过22～24d，阿米巴会形成新的孢囊。

二、传播途径

传播途径与微孢子虫相似。患病蜜蜂是本病传播蔓延的根源，病蜂排泄含有大量孢囊的粪便污染蜂箱、巢脾、蜂蜜、花粉、水源。当蜜蜂进行清理、取食或采集等活动时如接触病原就可能被传染。

三、诊断方法

取出疑似病蜂的消化道，去掉蜜囊和后肠，留下中肠、小肠及马氏管部分，滴加无菌水，盖上盖玻片在400倍显微镜下观察，如果发现马氏管膨大，管内充满如珍珠般孢囊，压迫马氏管，可见到孢囊散落出来，即可确诊为阿米巴病。

温馨提示

孢子虫病和阿米巴病的区别：孢子虫病可检出孢子，显微镜下仔细观察孢囊与孢子是不一样的，所在部位有区别，引起孢子虫病的孢子在中肠，引起阿米巴病的孢囊则在中肠和小肠连接处的马氏管，粪便有带血样。患孢子虫病的蜜蜂在蜂箱附近死亡较多，而患阿米巴病的蜜蜂有爬行较远的特征。

四、防治方法

此病的方法与防治孢子虫病的方法相似，在高发季节前加强蜂群的管理，做好消毒工作，尽可能减少传染源。

第八章
蜜蜂寄生螨及其防治

◎本章提要

蜂螨主要危害西方蜜蜂，东方蜜蜂有蜂螨寄生，但不造成危害。危害西方蜜蜂的体外寄生螨主要有大蜂螨和小蜂螨。本章将主要针对这两种蜜蜂寄生螨的生物学特性和危害特点，讨论其诊断和防治方法。此外，还介绍了其他螨类。

第一节　概　　述

自20世纪60年代，大、小蜂螨在我国普遍发现，几十年来屡治不绝，有猖獗之势，其寄生率在蜂群中居高不下。我国养蜂业是以大规模转地饲养为主，在养蜂生产效率得到大大提高的同时，也让蜂螨等蜜蜂传染病迅速传播流行，蜂场的频繁转地是蜂螨传播加剧和防治困难的原因之一。随着有机合成杀螨剂使用量的增加，蜂螨对其抗性越来越明显，特别是对药效高、选择性强的药剂产生抗性更快，已成为蜂螨防治的一大难题。

蜂群中有100多种与蜜蜂有关的螨，但它们大部分对蜜蜂没有危害。这些螨大体可分为四类：食腐螨、捕食性螨、携播螨和寄生螨。根据其对蜜蜂的危害程度，还可将蜂螨分为两类，一类是非寄生性螨，另一类是寄生性螨。

一、非寄生性螨

与蜜蜂相关的三类非寄生性螨分别来自真螨目无气门亚目、前气门亚目、中气门亚目。许多真螨目无气门亚目的螨类生活在蜂箱底部，以巢屑、蜂尸和一些真菌为食。如 *Forcellinia faini* 就是一种很普遍的食腐螨，最初在波多黎各岛被发现，在泰国的蜂箱巢屑中大量存在。中气门亚目的一个典型代表是跗线螨科的 *Pseudacarapis indoapis*，这种螨只在东方蜜蜂巢内被发现，可能在蜂群中以取食花粉为生。中气门亚目的 *Melichares dentriticus* 是一种蜂箱内随处可见的捕食螨，普遍存在于储藏物中；而该目的新曲厉螨属（*Neocypholaelaps*）和非曲厉螨属（*Afrocypholaelaps*）则存在于热带和亚热带树木的花朵上，他们以花粉为食，是一类依靠蜜蜂传播的携播螨。在澳大利亚昆士兰和印度的东方蜜蜂个别采集蜂上，发现很多 *A. africana*，最多能达 400 只左右。这些依靠蜜蜂传播的携播螨大部分是雌性的。这类蜂螨不会干扰蜜蜂，也不会影响蜜蜂的采集行为。当蜜蜂采集回巢后，这些螨便离开蜂体，以巢脾上的花粉为食。在世界上的很多地方的蜂群中还发现过 *Melittiphis alvearius*，根据血清学诊断，这类螨并不是捕食性螨，而是以巢内储存的花粉为食。

二、寄生性螨

迄今，全世界发现并报道的蜜蜂外寄生螨主要有 12 种（表 8-1），根据目前国内学者所采用的 Walter 分类系统，为节肢动物门、蛛形纲、蜱螨亚纲，分属两个寄螨总目及真螨总目。

表 8-1 蜜蜂外寄生螨

目	科	属	种
寄螨总目、中气门目	瓦螨科 Varroidae	瓦螨属 *Varroa*	雅氏瓦螨（*Varroa jacobsoni* Oudemans） 狄斯瓦螨（又称大蜂螨）（*Varroa destructor*） 恩氏瓦螨（*Varroa underwoodi*） 林氏瓦螨（*Varroa rindereri*）

（续）

目	科	属	种
寄螨总目、中气门目	瓦螨科 Varroidae	真瓦螨属 *Euvarroa*	欣氏真瓦螨（*Euvarroa sinhai*） 旺氏真瓦螨（*Euvarroa wongsirii*）
	厉螨科 Laelapidae	热厉螨属（小蜂螨）*Tropilaelaps*	亮热厉螨（*Tropilaelaps clareae*） 柯氏热厉螨（*Tropilaelaps Koenigerum*） 梅氏热厉螨（*Tropilaelaps mercedesae*） 泰氏热厉螨（*Tropilaelaps thaii*）
		新曲厉螨属 *Neocypholaelaelaps*	印度新曲厉螨（*Neocypholaelaelaps indica*）
真螨总目、前气门目	跗线螨科	蜂盾螨属 *Acarapis*	武氏蜂盾螨（*Acarapis woodi*） 背蜂盾螨（*Acarapis dorsalis*） 外蜂盾螨（*Acarapis externus*） 游离蜂盾螨（*Acarapis vagans*）

还有另一些寄生性螨特属于非洲类型的西方蜜蜂种群，而这些螨我们却了解得很少。大部分寄生于蜜蜂科的蜂螨都被描述过，但是，很多新螨是近年来才被发现或重新界定的，它们与寄主的寄生关系见表8-2。

表8-2　蜂螨及其蜜蜂寄主

蜜蜂种类	寄生的蜂螨
黑小蜜蜂（*Apis andreniformis*）	欣氏真瓦螨（*Euvarroa sinhai*） 旺氏真瓦螨（*Euvarroa wongsirii*）
东方蜜蜂（*Apis cerana*）	亮热厉螨（*Tropilaelaps clareae*） 雅氏瓦螨（*Varroa jacobsoni*） 狄斯瓦螨（*Varroa destructor*） 恩氏瓦螨（*Varroa underwoodi*）

（续）

蜜蜂种类	寄生的蜂螨
大蜜蜂（*Apis dorsata*）	亮热厉螨（*Tropilaelaps clareae*） 梅氏热厉螨（*Tropilaelaps mercedesae*） 柯氏热厉螨（*Tropilaelaps koenigerum*）
小蜜蜂（*Apis florea*）	欣氏真瓦螨（*Euvarroa sinhai*） 梅氏热厉螨（*Tropilaelaps mercedesae*） 亮热厉螨（*Tropilaelaps clareae*）
沙巴蜂（*Apis koschevnikovi*）	林氏瓦螨（*Varroa rindereri*） 雅士瓦螨（*Varroa jacobsoni*）
黑大蜜蜂（*Apis laboriosa*）	梅氏热厉螨（*Tropilaelaps mercedesae*） 泰氏热厉螨（*Tropilaelaps thaii*） 亮热厉螨（*Tropilaelaps clareae*） 柯氏热厉螨（*Tropilaelaps koenigerum*）
西方蜜蜂（*Apis mellifera*）	狄斯瓦螨（*Varroa destructor*） 欣氏真瓦螨（*Euvarroa sinhai*） 梅氏热厉螨（*Tropilaelaps mercedesae*） 亮热厉螨（*Tropilaelaps clareae*）
苏拉威西蜂（*Apis nigrocincta*）	恩氏瓦螨（*Varroa underwoodi*）
绿努蜂（*Apis nuluensis*）	雅士瓦螨（*Varroa jacobsoni*） 恩氏瓦螨（*Varroa underwoodi*）

Delfinado 和 Koeniger 等记录了蜜蜂的营巢特点与寄生螨种类的关系。营巢于灌木丛、单一巢脾的小蜜蜂、黑小蜜蜂通常会被真瓦螨属寄生；在树干上、岩石上、营单一巢脾的大蜜蜂、黑大蜜蜂通常会被小蜂螨（热厉螨属）寄生；而在洞穴中或树干营复巢脾的东方蜜蜂、西方蜜蜂和沙巴蜂通常会被瓦螨属寄生。蜂螨存在寄主转移现象，如小蜂螨的原寄主是大蜜蜂，但其后来也在东、西方蜜蜂上发生危害。

在这些螨中，对全世界蜂业生产造成明显危害的是瓦螨属的狄斯瓦螨、热厉螨属的梅氏热厉螨和武氏蜂盾螨。在中国已发现的有狄斯瓦螨、梅氏热厉螨、恩氏瓦螨、欣氏真瓦螨 4 种蜜蜂外寄生螨，以及携播螨——印度新曲厉螨。

第二节 大蜂螨

一、分类与分布

大蜂螨（*Varroa destructor*）又名狄斯瓦螨，属节肢动物门、蛛形纲、蜱螨亚纲、寄螨总目、中气门目、皮刺螨总科、瓦螨科、瓦螨属。大蜂螨是对世界各国养蜂业，尤其是对西方蜜蜂饲养业危害最大的蜜蜂寄生螨，广泛分布于东、西方蜜蜂上，目前已发现 11 个基因型。我国大部分地区的西方蜜蜂群中寄生的大蜂螨都属于狄斯瓦螨的朝鲜基因型。

大蜂螨及其防治

大蜂螨的原始寄主是东方蜜蜂，在长期协同进化过程中，已与寄主形成了相互适应关系，一般情况下其寄生率很低，危害也不明显。直到 20 世纪初，西方蜜蜂引入亚洲，大蜂螨逐渐转移到西方蜜蜂群内寄生并造成严重危害，才引起人们的高度重视。1952 年苏联首次报道在其远东地区的西方蜜蜂群中发现大蜂螨的侵染。20 世纪 60～70 年代后，由于地理扩散和引种不慎等原因，大蜂螨由亚洲传播到欧洲、美洲、非洲和新西兰。如今，除澳大利亚、夏威夷和非洲的部分地区还没有发现大蜂螨外，全世界只要有蜜蜂生存的地方就有大蜂螨的危害。

二、危害

大蜂螨繁殖速度极快，通常感染大蜂螨的最初两、三年对蜂群的生产能力无明显影响，亦无典型症状，但到第四年，蜂群中蜂螨的数量能超过 3 000～5 000 只，最高纪录为 1.1 万只，一个巢房中可能同时寄生数只雌螨。

大蜂螨不仅以蜜蜂幼虫和蛹的血淋巴为食，还以蜜蜂的脂肪体为食，造成大量被害虫蛹不能正常发育而死亡，还可造成出房蜂翅足残缺，失去飞翔能力，危害严重的蜂群，群势迅速下降；它们还寄生成年蜂，使蜜蜂体质衰弱，烦躁不安，影响工蜂的哺育，采集行为和寿命，使蜂群生产力严重下降以致整群死亡。同时，其蛋白酶与毒素进入蜂体内，还破坏蜜蜂血淋巴的某些组分，降低其对疾病的免疫防御能力。此外，大蜂螨还能够携带蜜蜂急性麻痹病毒、慢性麻痹病病毒、克什米尔病毒、败血症及白垩病病菌等多种微生物，使它们从伤口进入蜂体，引起蜜蜂患病死亡。

三、形态与生物学特性

1. 大蜂螨的形态特征　大蜂螨发育过程中有卵、幼虫、前期若虫、后期若虫、成虫五种虫态。

卵：乳白色，圆形，长 0.60mm，宽 0.43mm，卵膜薄而透明。卵产出时即可见 4 对肢芽，形似紧握的拳头。少数卵无肢芽，无孵化能力。

幼虫：在卵内发育，6 只足，经 1～1.5d 破卵形成若虫。

前期若虫（第一若虫）：近圆形，乳白色，体表生有稀疏的刚毛，具 4 对粗壮的足。以后随时间的推移，虫体变成卵圆形。已能刺吸蜂蛹的血淋巴。经 1.5～2.5d 蜕皮变为后期若虫。

后期若虫（第二若虫）：雌性螨心脏形，体长 0.87mm，宽 1.00mm，足末端有肉突。到后期随横向生长加速，虫体变成横椭圆形，体背出现褐色斑纹，体长增至 1.10mm，宽 1.40mm，腹面骨板形成，但未完全几丁质化。经 3～3.5d 蜕皮，变为成虫。

成虫：雌性与雄性形态不同。雌螨呈横椭圆形，宽大于长。体长 1.1～1.2mm，宽 1.6～1.8mm。体色为棕褐色。背部明显隆起，腹面平，略凹，侧缘背腹交界处无明显界线。有背板 1 块，覆盖体背全部及腹面的边缘，板上密布刚毛。腹板由数块骨片组成。足 4 对，粗短强健。每只足的跗节末端均有钟形的爪垫（吸盘）。前足具感受化学物质的器官（嗅觉器），其上具不同形状和大小的感觉器（图 8－1）。

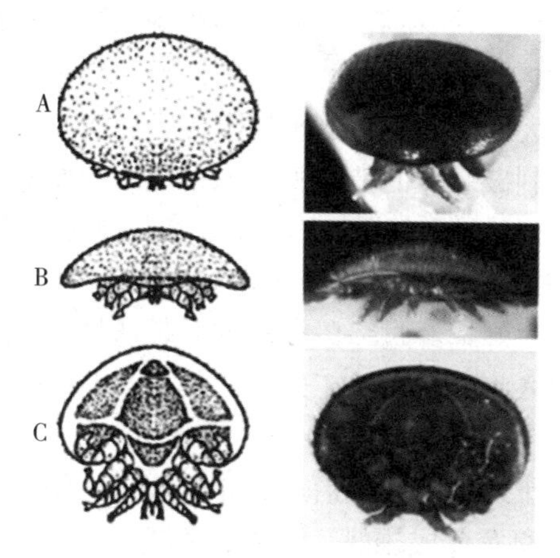

图 8－1 雌性大蜂螨示意图

A. 背视 B. 前视 C. 腹视，注意背板呈扁平壳样，4 对足

雄螨躯体卵圆形，长 0.8～0.9mm，宽 0.7～0.8mm，有背板 1 块，覆盖体背全部及腹面边缘。背板边缘部有刚毛足 4 对，形态结构与雌相似，体较雌成螨小。

2. 大蜂螨的生物学特性 雄螨完全不进食，它在封盖的幼虫巢房中与雌螨交配后立即死亡。雌螨通常在封盖房内产 1～7 粒卵，卵经 24h 孵化为幼虫，经 48h 左右变为前期若虫，在 48h 内蜕皮成后期若虫，再经 3d 变为成螨，雌螨整个发育期为 6～9d。雄螨整个发育期为 6～7d。雌螨比较喜欢在未封盖的雄蜂房中产卵。若螨以蜜蜂幼虫的血淋巴为食。已经性成熟，有繁殖力的雌螨常常侵袭正在羽化的蜜蜂。当工蜂幼虫巢房的封盖期为 12d 时，雌螨在夏季可生存 2～3 个月，在冬季可以生活 5 个月以上。雌螨在一生中有 3～7 个产卵周期，最多可产 30 粒卵。在一个产卵周期，在工蜂幼虫巢房可产 1～5 粒卵，在雄蜂幼虫巢房可产 1～7 粒卵。但在蜜蜂羽化时，能够发育成熟的后代雌螨仅 2～3 只。

大蜂螨有很强的生存能力和耐饥力，可在脱离蜂巢的常温环境中存活 7d；在 15～25℃，相对湿度 65%～70%的空蜂箱内能生存

7d；在巢脾上能生存 6～7d；在未封盖幼虫脾上能生存 15d；在封盖子脾上能生存 32d；在死工蜂、雄蜂和蛹上能生存 11d；在 −30～−10℃下能存活 2～3d。

第一阶段：大蜂螨随羽化的蜜蜂出房，寻找 1 只工蜂或雄蜂寄生其上，用口器刺破蜂体的节间膜，取食蜜蜂的血淋巴，并随蜜蜂在蜂巢外漫游。延续 4～13d。大龄雌螨在巢外漫游时间较短。约有 22％的雌螨进行第二次生殖，有更少的雌螨生殖 3 次以上。

第二阶段：大蜂螨经过一段漫游期后，从蜂体上脱落，在巢房被封盖前不久进入将要封盖的工蜂幼虫巢房，1 只或多只雌螨进入 1 个巢房内。

第三阶段：工蜂巢房封盖后，成年雌螨进入幼虫房 60h 后产下第一粒卵，这个卵发育成雄螨；接着再产 2～5 个卵，这几个卵发育成雌螨。

第四阶段：雌螨在工蜂房内具有产 5 粒卵或雄蜂房内产 7 粒卵的能力。由于营养不足，有些雌螨不能产卵。

第五阶段：在封盖的幼虫巢房内，成熟的雄螨与成熟的雌螨交配。如果 1 个巢房内只进入 1 只雌螨，则女儿螨进行近亲交配；进入 2 只以上雌螨时，后代女儿螨就可能发生远亲交配。

大蜂螨在巢房内的生活史如图 8－2。

四、周年消长规律

大蜂螨的生活史归纳起来可分为两个时期，一个是体外寄生期，一个是蜂房内的繁殖期。蜂螨完成一个世代必须借助于蜜蜂的封盖幼虫和蛹。因此大蜂螨在我国不同地区的发生代数有很大差异。对于长年转地饲养和终年无断子期的蜂群，大蜂螨整年均可危害蜜蜂。北方地区的蜂群，冬季有长达几个月的自然断子期，大蜂螨就寄生在工蜂和雄蜂的胸部背板绒毛间，翅基下和腹部节间膜处，与蜂群的冬团一起越冬。

越冬雌成螨在第二年春季外界温度开始上升、蜂王开始产卵育子时从越冬蜂体上迁出，进入幼虫房，开始越冬代螨的危害。以后

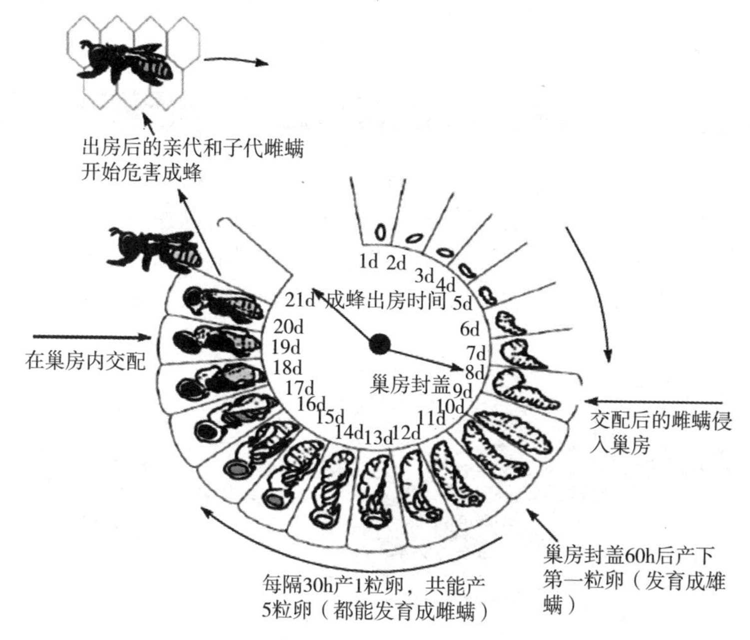

图 8-2 大蜂螨在巢房内的生活史

随着蜂群发展，子脾的增多，螨的寄生率迅速上升。

通常，季节的变化影响蜂群群势的消长。春季和秋季蜂群群势小，螨的感染率显著增加，夏季群势增大，螨的寄生率呈下降趋势。由于大蜂螨倾向于在蜂群的雄蜂房中繁殖，所以蜂群的繁殖规律和雄蜂房的数量直接影响螨种群的消长。当蜂群中出现雄蜂房时，螨数量增长，雄蜂房数最多时，螨达到增殖高峰，种群数量和寄生率也随之达到最高。夏季 3 个月没有雄蜂房，螨停止繁殖，种群数量下降，蜂群中就难以见到螨。当秋季蜜源开花，蜂群中出现部分雄蜂房时，螨的数量增殖和寄生率又有所上升。

北京地区规律：3 月中旬蜂王产卵后即开始繁殖，到 4 月下旬，蜂螨的寄生率就可上升至 15%～20%，寄生密度可达 0.25 螨/蜂。春季 4 月下旬，螨寄生率 15%～20%，寄生密度 0.25 只/蜂；夏季 6～8月，螨寄生率一直保持 10%左右，寄生密度 0.16 只/蜂；8 月下旬以后，蜂群群势下降，螨寄生率又急剧上升，到10月以后，达到最高峰，螨寄生率49%，寄生密度0.55只/蜂。

五、诊断

1. 症状检查 根据巢门前死蜂情况和巢脾上幼虫及蜂蛹死亡状态判断。若在巢门前发现许多翅、足残缺的幼蜂爬行，并有死蜂蛹被工蜂拖出等情况，在巢脾上出现死亡变黑的幼虫和蜂蛹，并在蛹体上见到大蜂螨附着，即可确定为大蜂螨危害（图8-3）。

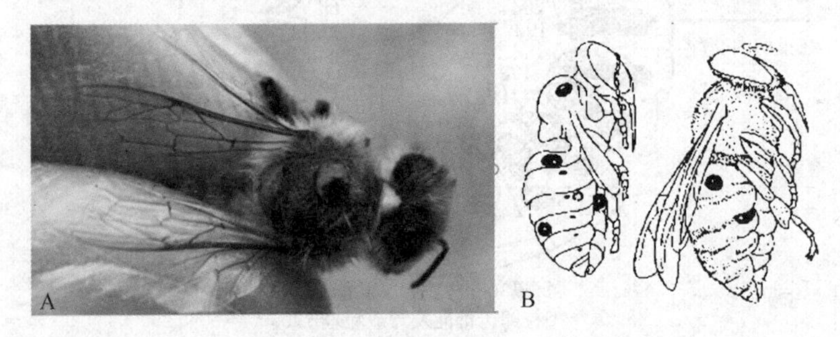

图8-3 成蜂和蜂蛹上的瓦螨

A. 西方蜜蜂体上的螨 B. 左侧为寄生4个雌螨的蛹，右侧为寄生2个雌螨的工蜂

2. 蜂螨检查

从蜂群中提取带蜂子脾，随机取样抓取50～100只工蜂，检查其胸部和腹部节间处是否有大蜂螨寄生，根据螨数与检查蜂数之比，计算寄生率。用镊子挑开封盖巢房50个，用扩大镜仔细检查蜂体上及巢房内是否有蜂螨，根据检查的蜂数和蜂螨的数量，计算寄生率。春季或秋季蜂群内有雄蜂时期，检查封盖的雄蜂房，计算蜂螨的寄生率，可作为适时防治的指标。

六、防治方法

1. 物理防治

（1）热处理法 大蜂螨发育的最适温度为32～35℃，42℃出现昏迷，43～45℃出现死亡。因此利用这一特点，把蜜蜂抖落在金属制的网笼中，以特殊方法加热并不断转动网笼在41℃下维持5min，可获得良好的杀螨效果。这种物理方法杀螨可避免蜂产品污染，但由于加热温度要求严格，在实际生产中应用不便。

（2）粉末法　各种无毒的细粉末，如白糖粉、人工采集的松花粉、淀粉和面粉等，都可以均匀喷洒在蜜蜂体上，使蜂螨足上的吸盘失去作用而从蜂体上脱落。为了不使落到蜂箱底部的活螨再爬到蜂体上，并为了从箱底部堆积的落螨数来推断寄生状况，应当使用纱网落螨框。使用时，纱网落螨框下应放一张白纸，并在纸上涂抹油脂或黏胶，以便粘附落下的螨。粉末对蜜蜂没有危害，但是只能使部分螨落下，所以只能当作辅助手段来使用。

2. 化学防治　已有的治螨的药物很多，而且新的药物不断地被筛选出来，养蜂者可根据具体情况使用。选择药物时要考虑到对人畜和蜜蜂的安全性和对蜂产品质量的影响，应杜绝滥用如敌百虫、杀虫脒等农药治螨。另外，应交替使用不同的药物，以免因长期使用某一种药物而产生抗药性。

常用的治螨药物有：

（1）有机酸　甲酸、乳酸、草酸等有机酸都有杀螨的效果，其中以甲酸的杀伤力最强。在欧洲有商品化的甲酸板出售，美国则制成了甲酸黏胶。

（2）高效杀螨片（螨扑）　有效成分为氟胺氰菊酯，对蜜蜂安全。其毒性作用机理主要是持续的延长钠通道的失活，产生细胞膜缓慢的去极化，从而阻断动作电位。

（3）中草药　用中药百部煎水喷蜂脾可治蜂螨，而百部对人无害，有杀虱灭虫作用。

处方一：百部20g，60°以上白干酒500mL。将中药百部浸入酒中7d，用浸出液1∶1兑冷水喷蜂、脾，有薄雾为度，6d一次，治3～4次，对治大小蜂螨、巢虫均有效。

处方二：百部20g，苦楝子（用果肉）10个，八角6个，水煎至200mL，冷却滤渣，喷蜂脾，有薄雾为度。

3. 生物防治 可以用适当的饲养管理措施来减少寄生大蜂螨的数量，维护正常的养蜂生产。

（1）雄蜂脾诱杀 雄蜂蛹可为大蜂螨提供更多的养料，一雄蜂房内常有数只大蜂螨寄生、繁殖。所以可利用大蜂螨偏爱雄蜂虫蛹的特点，用雄蜂幼虫脾诱杀大蜂螨，控制大蜂螨的数量。在春季蜂群发展到10框蜂以上时，在蜂群中加入安装上雄蜂巢础或窄形巢础的巢框，让蜂群建造整框的雄蜂房巢脾，蜂王在其中产卵后20d，取出雄蜂脾，脱落蜜蜂，打开封盖，将雄蜂蛹及大蜂螨振出。空的雄蜂脾用硫黄熏蒸后可以加入蜂群继续用来诱杀大蜂螨。可为每个蜂群准备两个雄蜂脾，轮换使用。每隔16～20d割除一次雄蜂蛹和大蜂螨。

（2）人工分群 春季，当蜂群发展到12～15框蜂时，采用抖落分蜂法从蜂群中分出5框蜜蜂。每隔10～15d可从原群中分出一群5框蜜蜂，在大流蜜期前的一个月停止分群。早期的分群可诱入成熟的王台，以后最好诱入人工培育的新产卵的蜂王。给分群补加蜜脾或饲喂糖浆。新的分群中只有蜜蜂而没有蜂子，蜂体上的大蜂螨可用杀螨药物除杀。

（3）勤换新巢脾 大蜂螨喜欢在较小的巢房中繁殖，新巢脾巢房较旧巢脾大，勤换新巢脾可起到一定的预防作用。

第三节 小蜂螨

一、分类与分布

小蜂螨
及其防治

小蜂螨属于节肢动物门、蛛形纲、蜱螨亚纲、寄螨总目、中气门目、皮刺螨总科、热厉螨属。Anderson和Morgan（2007）将小蜂螨分为以下4种：梅氏热厉螨（*Tropilaelaps mercedesae*）、亮热厉螨（*Tropilaelaps clareae*）、柯氏热厉螨（*Tropilaelaps koenigerum*）和泰氏热厉螨（*Tropilaelaps thaii*）。它们与蜜蜂属9个蜂种的寄生关系和分布范围见图8-4。

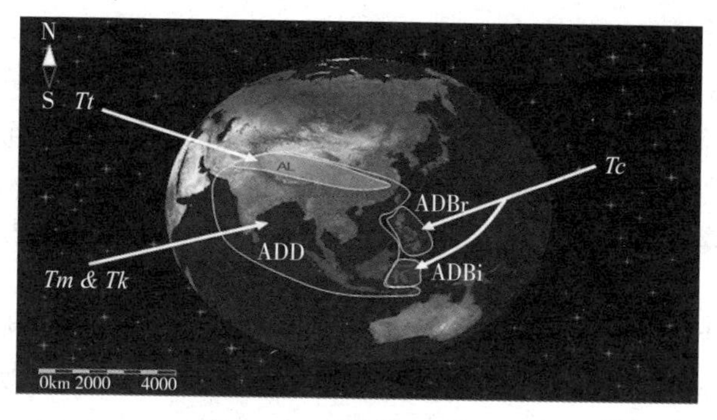

图 8-4 小蜂螨的分布图

Tt、*Tm*、*Tk*、*Tc* 分别代表小蜂螨 *T. thaii*、*T. mercedesae*、*T. koenigerum*、*T. clareae*；AL 代表黑大蜜蜂、ADBr、ADBi、ADD 代表大蜜蜂的不同生态型（引自 Anderson，2007）

柯氏热厉螨寄生于亚洲和印尼的大蜜蜂上，泰氏热厉螨则寄生于喜马拉雅山山区的黑大蜜蜂。Ralph（1991）报道了泰国大蜜蜂极易被亮热厉螨寄生，蜂群受危害后损失惨重。亮热厉螨和梅氏热厉螨单从形态上很难进行区分，故一直将梅氏热厉螨误认为是亮热厉螨。随着鉴定技术的发展，利用分子生物学的技术可将亮热厉螨和梅氏热厉螨区分。Raffique et al.（2012）报道了巴基斯坦西方蜜蜂蜂群内寄生的小蜂螨属于亮热厉螨。Anderson and Morgan（2007）利用 mt DNA cox1 基因和核基因 ITS1-5.8S-ITS2，确定了我国浙江省两群西方蜜蜂和云南省两群大蜜蜂上寄生的小蜂螨均是梅氏热厉螨。Forsgren et al.（2009）对我国海南省寄生西方蜜蜂的小蜂螨进行了鉴定，发现海南省小蜂螨属于梅氏热厉螨。罗其花等结合形态学和分子生物学鉴定技术得出寄生在中国西方蜜蜂群内的小蜂螨全部属于梅氏热厉螨，而并非早期定义的亮热厉螨。截至目前，尚未在中国西方蜜蜂群内发现亮热厉螨、柯氏热厉螨和泰氏热厉螨的寄生（Luo et al.，2011）。

二、危害

小蜂螨的原始寄主是大蜜蜂，但危害并不明显。直到 20 世纪初，西方蜜蜂引入亚洲后，小蜂螨转移到了西方蜜蜂群内，对西方蜜蜂造成严重危害，引起人们的高度重视。据报道，小蜂螨对印度、阿富汗、伊斯兰堡、越南、泰国等国家的养蜂业造成较大的危害，导致印度西方蜜蜂群50%的幼虫死亡。小蜂螨也是对我国蜂业危害最大的寄生虫，我国西方蜜蜂群中95%感染小蜂螨。

由于小蜂螨繁殖周期短，防治比大蜂螨困难，因此，在亚洲，小蜂螨被认为比大蜂螨危害更大。据报道，如果发病群不加控制的话，蜂群很快就死亡。通常在感染西方蜜蜂时，小蜂螨以吸食封盖幼虫、蛹的血淋巴为生，常导致大量幼虫变形或死亡，勉强羽化的成蜂通常表现出体型和生理上的损害，包括寿命缩短，体重减轻，以及体型畸形，如腹部扭曲变形，残翅、畸形足或没有足。当蜂群快崩溃的时候，在巢门口经常会看到受严重感染的幼虫、蛹和大量爬蜂。对于严重感染的蜂群，由于大量幼虫和蛹的死亡，还常发出腐臭味。在这种情况下，蜂群往往选择举群迁逃，这又反过来加速了小蜂螨的传播。

小蜂螨在雄蜂和工蜂封盖房里繁殖危害，寄生水平均能达到90%，但是感染雄蜂封盖子的概率是工蜂的3倍。不危害成蜂，但依靠成蜂来扩散种群。

小蜂螨携带病毒也对蜂群也会产生危害。最近研究发现，小蜂螨及其寄主体内也存在残翅病毒（DWV）、黑蜂王台病毒（BQCV）、囊状幼虫病毒（SBV）、克什米尔蜜蜂病毒（KBV）、急性蜜蜂麻痹病病毒（ABPV）和慢性蜜蜂麻痹病病毒（CBPV），小蜂螨（*T. mercedesae*）体内和相应的寄主上发现了大量残翅病毒，因此也可以认为小蜂螨是传播残翅病毒的生物性媒介。

三、生物学特性

小蜂螨发育的最适温度为31～36℃，一般可存活8～10d，有的可达13～19d。在9.8～12.7℃的条件下很难长时间生活，只能活2～4d，44～50℃下24h全部死亡。在蜜蜂大幼虫封盖48h后，雌螨通常往巢房产3～4粒卵。12h左右这些卵孵化，成为前期若螨，即从产卵到发育成成螨需要 6d。小蜂螨在巢房内的生活史如图 8－5。

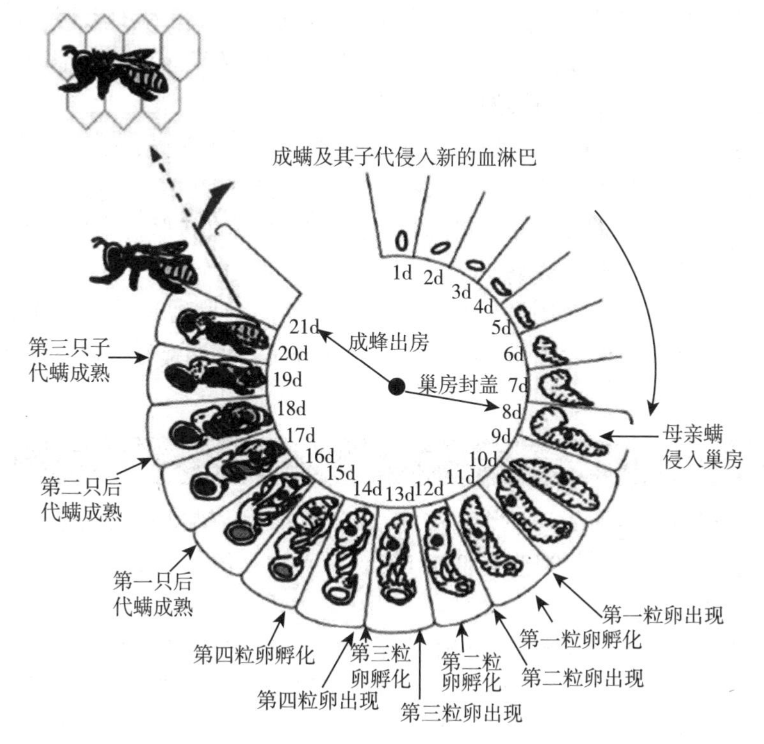

图 8－5　小蜂螨在巢房内的生活史

（引自 Anderson，2007）

在蜜蜂幼虫封盖前，待交配的雌螨进入工蜂或雄蜂巢房内，雌螨并无选择性寄生工蜂或雄蜂巢房的差异。雌螨进入蜜蜂巢房后，每隔 1 天产 1 粒卵，一般每头雌螨在巢房内产 1～4 粒卵，雌雄卵数量等同；巢房内可见到小蜂螨的 4 种发育形态：卵、幼螨、若螨、后若螨。待巢房内蜜蜂发育成熟即将出房时小蜂螨恰处于繁殖末期，雌螨及子代借助出房的蜜蜂咬破蜡盖后出房，此时巢脾或成蜂体上可见到小蜂螨，但是小蜂螨只能在巢脾或成蜂体上存活不超过 3d，然后再次进入巢房内开始新一轮的繁殖。小蜂螨发育周期短且适应蜜蜂生长发育的条件，种群增长很快，危害极为严重。

成年小蜂螨出现在寄生蜂群的子脾表面且行动灵活，小蜂螨体色与蜡脾颜色接近，易形成体色伪装，增加小蜂螨的发现及收集的难度。成年雌雄蜂螨可以同时出现在成年蜜蜂体壁，但这种情况极少发生，严重寄生感染的蜂群除外。

成年雌螨主要寄生在感染蜂群内封盖的工蜂巢房和雄蜂巢房，无明显的寄生繁殖偏好性。只需打开感染蜂群的封盖子，移走巢房内正在发育的蜜蜂，倾斜巢脾使自然光线可以直接照射巢房底部，即可见巢房底部的蜂螨。

小蜂螨的发育周期较短，导致小蜂螨的种群增长比大蜂螨更快，当小蜂螨和大蜂螨同时危害同一蜂群时，小蜂螨种群数量远远超过大蜂螨。

四、发生规律

蜂群越冬期的月平均温度在14℃以上小蜂螨可顺利越冬；蜂群越冬期的月平均温度不低于5℃，月平均最低温度不低于0℃可越冬。

根据越冬所需的温度和生物学指标，结合我国自然气候条件和实地调查表明，广东、广西、福建、浙江、江西南部为亮热厉螨的越冬基地。湖北、湖南、江苏、浙江、安徽、云南、四川、贵州以及河南南部为亮热厉螨可越冬地区。小蜂螨的消长规律与蜂群所处的位置、繁殖状况以及群势有关。在北京地区，每年6月以前，蜂群中很少见到小蜂螨，但到7月以后，小蜂螨的寄生率急剧上升，9月即达最高峰，11月上旬以后，外界气温下降到10℃以下，蜂群内又基本看不到小蜂螨。在我国南方地区，对于连续有幼虫的蜂群，小蜂螨可以终年繁殖。即使在冬季蜂子较少的时候，小蜂螨也可以在有限的幼虫房里持续繁殖；繁殖期早和产卵持续时间长的蜂群受小蜂螨感染的概率高。外界蜜粉源植物的花粉和分泌的花蜜的质量和数量直接影响了幼虫数量的增减，而幼虫数量的变动则直接影响了小蜂螨种群的波动。

五、传播途径

1. 小蜂螨靠成年雌螨扩散和传播 通常一部分雌螨留在原群，在巢脾上快速爬行以寻找适宜的寄主，其他携播螨藏匿在成蜂的胸部和腹部之间的位置。

2. 小蜂螨在蜂群间的自然扩散 主要是依靠成年工蜂的传播，即错投、盗蜂和分蜂等。

3. 人为操作不当引起的传播 小蜂螨的传播主要归因于养蜂过程中的日常管理，蜂农的活动为小蜂螨的传播提供了方便。如受感染蜂群和健康蜂群的巢脾、蜂具等混用，使得小蜂螨在同一蜂场的不同蜂群和不同蜂场间传播。尤其是在转地商业养蜂中，感染蜂群经常被转到新的地点，引起该地区蜂群感染，这是一种最主要和最快的传播方式。

六、诊断

1. 开盖检查 选择一小片蛹日龄较大（蛹眼睛刚转变为粉红色）的封盖子区（雄蜂或工蜂），这个时期的用蜜盖叉开盖检查时，蛹体与巢房很容易分离，如果蛹或大幼虫日龄过小，虫体容易破裂。

将蜜盖叉插入房盖以下，和巢脾面平行，用力向上提起蜂蛹，未成熟的蜂螨是乳白色的，吸食寄主血淋巴时几乎很难被发现，因为它们的口器和前足固定在寄主的角质层上。成螨颜色较深，在乳白色的寄主的背景衬托下很容易被发现。

这种方法的优点是比逐个打开巢房盖速度快，效益高，且应用简便，可用于常规的蜂群诊断，对蜂群的感染水平可以得到及时了解。

2. 症状诊断 通过观察蜂群诊断小蜂螨的感染情况，检查封盖子脾，观察封盖是否整齐，房盖是否出现穿孔（图 8－6），幼蜂是否死亡或畸形，工蜂有无残翅以及巢门口的爬蜂情况。最典型的是症状是，当用力敲打巢脾框梁时，巢脾上会出现赤褐色的，长椭圆状并且沿着巢脾面爬得很快的螨，这些都是小蜂螨感染的特征。

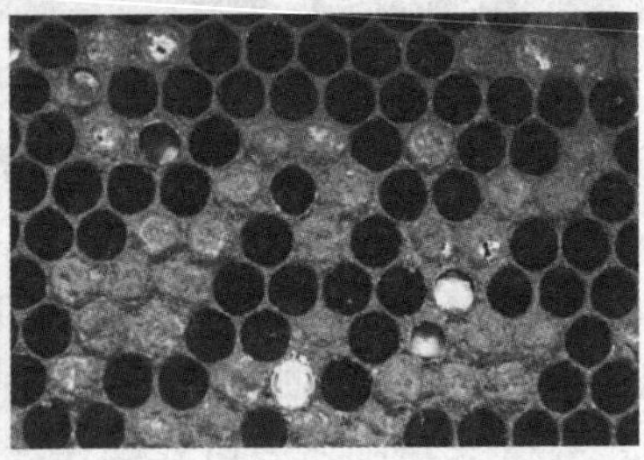

图 8-6　被危害的封盖幼虫、蛹以及封盖巢房“穿孔”

温馨提示

大、小蜂螨很容易区分，大蜂螨体型较大，外形像螃蟹，体宽比体长长，爬行缓慢。小蜂螨体型较小，体长大于体宽，行动敏捷，在巢脾上快速爬行，所以也容易被看到，因此诊断比大蜂螨容易。

3. 箱底检查

①在箱底放一张白色的粘板，可以用广告牌、厚纸板或其他白色硬板来制作，外面可以涂上一层凡士林或其他黏性物质。白色的粘板大小同蜂箱底板，使其能完全覆盖箱底，最好设计为抽屉状，可以从箱外拉出和推进，为了防止蜜蜂从底板上叼走小蜂螨，须在白色黏板上放一铁丝网（防虫网），网孔必须足够大，直径在 3mm 左右，使小蜂螨能顺利通过，铁丝网的外边缘稍微往里折叠，使铁丝网与黏板有一定的距离，然后将其固定在相应的位置。用以防止蜜蜂清除落下来的小蜂螨，保证统计结果的准确性。

②24h 后取出粘板检查落螨数量。比较快的方法是，向蜂箱喷烟 6～10 次，然后盖上箱盖 10～20min 后取出黏板数螨。

箱底检查法的优点：敏感，能检查寄生率低的小蜂螨数量，在治螨的同时能对蜂群的感染水平进行估计。

七、防治方法

小蜂螨感染的早期监测很重要的，早期发现可以及时采取控制、遏制和根除措施。

1. 生物防治

（1）断子　根据小蜂螨在成蜂体上仅能存活1～2d，不能吸食成蜂体内血淋巴这一生物学特性，可采用人为幽闭蜂王或诱入王台、分蜂等断子的方法治螨。

（2）扣王　工蜂的发育过程中，封盖期为12d。如果把被感染的蜂群巢脾上的幼虫摇出或移走，将卵用水浇死，并割除全部的雄蜂蛹，扣王12d后，蜂群内就会出现彻底断子，放王3d后蜂群才会出现小幼虫，这时蜂体上的小螨已自然死亡。也有报道称对感染蜂群扣王9d足够。扣王法是一种最常用、简单且对蜂产品没有污染的防治方法，这种方法唯一的不足就是限制蜂王产卵导致后期蜂群群势下降，对于蜂群的生产能力有较大的影响，所以多在后期没有蜜蜂源的越冬或越夏时采用这种方法。

（3）分蜂　春季，当蜂群发展到12～15框蜂时，采用分蜂法从蜂群中分出5框蜜蜂。如果群势繁殖较快，可每隔10～15d分一次，在大流蜜期前的一个月停止分群。早期的分出群可诱入成熟的王台，后面分出的新群最好诱入人工培育的新产卵王。给分出群补加蜜脾或饲喂糖浆。由于新的分蜂群中只有成蜂而没有蜂子，会导致蜂体上的小蜂螨自然死亡，这也是一种两全其美的有效防治小蜂螨的方法。

（4）同巢分区断子　用同一种能使蜂群气味和温、湿度正常交换而小蜂螨无法通过的纱质隔离板，将蜂群分隔成2个区，各区造成断子状态2～3d，使小蜂螨不能生存。据报道，这种防治效果可达98%以上。具体方法是：在继箱与巢箱间采用一隔王板大小的纱质隔离板，平箱或卧式箱用框式隔离板，注意隔离一定要严密，使蜂螨无法通过，每区各开一巢门，将蜂王留在一区继续产卵繁殖，将幼虫脾、封盖子脾全部调到另一区，造成有王区内2～3d绝对无幼虫，待无王区子脾全部出房后，该区绝对断子2～3d，使小蜂螨全部死亡后，再将蜂群并在一起，以此达到彻底防治小蜂螨的目的。该法比扣王断子更为优越，它保持了蜂群的正常生活秩序和蜂群正常繁殖，劳动强度低，又不影响蜂群正常生产。

（5）雄蜂脾诱杀　利用小螨偏爱雄蜂虫蛹的特点，用雄蜂幼虫脾诱杀小蜂螨，控制小蜂螨的数量。在春季蜂群发展到10框蜂以上时，在蜂群中加入雄蜂巢础，迫使建造雄蜂巢脾，待蜂王在其中产卵后第20个工作日，取出雄蜂脾，脱落蜜蜂，打开封盖，将雄蜂蛹及小蜂螨振出销毁。空的雄蜂脾用硫黄熏蒸后可以加入蜂群继续用来诱杀小蜂螨。通常每个蜂群准备两个雄蜂脾，轮换使用。每隔16～20d割除一次雄蜂蛹，以此来达到控制小蜂螨的目的。

2. 化学防治　升华硫黄防治小蜂螨效果较好，可将药粉均匀地撒在蜂路和框梁上，也可直接涂抹于封盖子脾上，注意不要撒入幼虫房内，造成幼虫中毒。为有效掌握用药量，可在升华硫黄药粉中掺入适量的细玉米面做填充剂，充分调匀，将药粉装入一大小适中的瓶内，瓶口用双层纱布包起。轻轻抖动瓶口，撒匀即可。涂布封盖子脾，可用双层纱布将药粉包起，直接涂布封盖子脾。一般每群（10框）用原药粉3g，每隔5～7d用药1次，连续3～4d为一个疗程。用药时，注意用药要均匀，用药量不能太大，以防引起蜜蜂中毒。

第四节　武氏蜂盾螨

一、分类与分布

武氏蜂盾螨（*Acarapis woodi* Rennie）属真螨目、跗线螨科、蜂盾螨亚科，该亚科还包括危害蜜蜂的另外三个种：背蜂盾螨、外蜂盾螨和游离蜂盾螨。

武氏蜂盾螨又称“气管螨”，寄生在成蜂的气管和气囊里面。于1902年在英国波德郡被发现，1904年又在英国康瓦尔和怀特岛被发现，随后传播蔓延到欧洲大部分地区。武氏蜂盾螨被认为是一种世界性寄生虫。据报道，除了瑞典、挪威、丹麦、新西兰、澳大利亚和夏威夷外，只要从欧洲引进过种王的国家都有该病的发生。

二、危害

武氏蜂盾螨对蜂群危害很大。据报道在1904～1919年间，曾导致英国怀特岛蜜蜂连续死亡，1980～1982年曾导致美国北部蜂群损失率达90%。在春季由于病蜂大量死亡，蜂群发展缓慢，造成春衰。夏季症状表现不明显，晚秋季节由于受感染的青壮年蜂大量死亡，造成群势急剧下降，给蜂群越冬带来困难。秋季发病的蜂群，有将近1/3不能越冬；在冬季受感染的蜂群，蜜蜂不能结团，烦躁不安，促使饲料消耗增加，蜜蜂寿命缩短，严重的病群不能越冬而死亡。

1922年，由于欧洲武氏蜂盾螨的爆发，美国国会禁止从欧洲进口蜜蜂，并且在美国各大州的养蜂场展开了一次武氏蜂盾螨大普查，但此次普查并没有发现武氏蜂盾螨的寄生，而意外发现了蜂盾螨属的另两个种，外蜂盾螨和背蜂盾螨。1980年在哥伦比亚报道发现武氏蜂盾螨，该螨向北快速传播，很快到达得克萨斯州和其他几个州，导致美国北部蜂群损失率达90%。如此快速的传播，主要是由于南方商业蜂群向北方转运以及笼蜂和蜂王的出售所致。

被武氏蜂盾螨寄生的蜜蜂，初期症状不明显，气管颜色仍然保持白色透明状，弹性良好，蜜蜂活动比较正常；随着武氏蜂盾螨的繁殖，气管逐渐出现病变，失去弹性并由白色变为黄褐色至黑色，易破裂。气管内充满不同阶段的武氏蜂盾螨，堵塞气管，造成蜜蜂呼吸困难，供氧不足，体质衰弱，失去飞翔能力。受螨寄生的蜜蜂，由于翅基部的运动神经受损，常使蜜蜂后翅脱落，呈K形翅，严重时还可使两翅脱落，并在地面上缓慢爬行，有些病蜂身体出现颤抖和痉挛，最后衰竭而死。

三、生物学特性

和前气门亚目的其他成员一样，武氏蜂盾螨的生活史较短，分为四个发育阶段，卵、幼虫、若螨和成螨。雄螨未成熟发育期是11～12d，雌螨是14～15d，即2个周就能完成一代，这也是为什么武氏蜂盾螨的种群增长较快的原因。武氏蜂盾螨主要聚集寄生在蜜蜂第一对气管基部产卵繁殖。一只患病蜜蜂气管里常可见100～150个各期虫态的螨。偶尔也会寄生在成蜂腹部和头部的气囊内以及翅基部。尤其是在蜂群越冬期，螨常聚集在蜜蜂的翅基部产卵繁殖。武氏蜂盾螨的大小对其存活极其重要，雌螨长120～190μm，宽77～80μm，重量5.5×10^{-4}mg；雄螨长125～136μm，宽60～77μm。只有这种微型的螨才能够藏身在蜜蜂气管内。它们通过尖锐的螯针刺穿寄主气管，然后口器紧贴伤口处通过小管吸食血淋巴。武氏蜂盾螨的整个生活周期都在蜜蜂气管里度过，除了雌螨在寻找新寄主的时候才会暂时离开气管。由于武氏蜂盾螨后代不能在日龄较大的成蜂气管内完成其发育周期，所以老龄蜂对母亲螨的吸引力较小。当寄主蜜蜂超过13日龄，尤其在15～25日龄的时候，武氏蜂盾螨便开始伺机寻找新的寄主。交配成功的雌螨通常是被新出房的成蜂的前胸气门发出的气味所吸引，小于4日龄的成年工蜂表皮的特定的碳氢化合物对武氏蜂盾螨同样具有吸引力。武氏蜂盾螨首选雄性成蜂寄生，一旦找到适宜的寄主，雌螨便进入寄主气门，在气管内产卵。

当武氏蜂盾螨离开寄主气管暴露在外的时候，其对干燥和饥饿很敏感，成活与否完全依赖于环境的温、湿度和自身的营养状态。附着在蜂尸上的武氏蜂盾螨，在相对湿度10%，温度4℃时，可存活120～144h；12～20℃时，可存活30～35h；50℃时可存活1.5h。在相对湿度40%，温度30℃时，可存活3～4h；40℃时，可存活2h。所以，如果其在离开寄主后几个小时没有找到适宜的寄主就会死亡。武氏蜂盾螨也容易在蜜蜂飞行和蜜蜂相互清理过程中被迫离开蜂体而死亡。武氏蜂盾螨和背蜂盾螨外形很像，但也存在差异（表8-3）。

表 8-3 武氏蜂盾螨和背蜂盾螨的差异

特征	武氏蜂盾螨	背蜂盾螨
繁殖位置	寄主体内的气管	寄主体外，背沟和翅基
成螨的活动场所	一直寄生于同一寄主气管内，除非寻求新寄主时才离开该寄主气管	经常更换寄主
附着于蜂体的最长时间	1～6d	12d
感染高峰期	秋季到春季	春季到夏季
发育期	264h	216～240h
雌螨前部中央表皮内突	发育不完全，没有和表皮内突连接	发育完全，和表皮内突不相连
雌螨 4 基节板后沿	浅凹槽	深沟
雄螨第一胫节螺线管	棒状	非棒状
雄螨第一条腿股节—膝节—胫节上的刚毛数目	4-4-7	3-3-6

四、传播途径和发生规律

武氏蜂盾螨可侵袭工蜂、蜂王和雄蜂，但对蜜蜂的卵、幼虫和蛹不构成危害。这种螨受精和产卵都在蜜蜂的气管内进行，在蜂体内逐渐繁殖，病程发展比较缓慢。病蜂死亡之前，武氏蜂盾螨就离开气管，转移到蜜蜂的头部绒毛间，当健康蜂与其接触时，雌螨便转移到适宜寄主的气管。因此，盗蜂、迷巢蜂等都会造成传播。

在热带地区，武氏蜂盾螨蜂群在冬季增长，但夏季蜂群群势到达最大时，种群开始衰落。在亚热带地区，武氏蜂盾螨的消长规律与热带地区相似。

五、诊断

1. 解剖观察 武氏蜂盾螨用肉眼不可见，这给诊断工作带来了很大的困难。蜂农通常根据群势下降、爬蜂和K形翅等来诊断，但是这些症状均不可靠，唯一可信的诊断方法是对病蜂气管进行解剖观察。通常在冬季和早春收集病蜂，因为这个时候武氏蜂盾螨的种群密度最大，夏季时由于处于蜜蜂繁殖高峰期，大量幼蜂的出房从而稀释了它的密度。另外，由于武氏蜂盾螨喜欢寄生雄蜂，而且雄蜂比工蜂体大，解剖后易于观察，因此通常收集雄蜂样本进行解剖。

温馨提示

由于酒精会使气管组织变黑而不易观察，所以标本不能保存在酒精里。

解剖时要求是新鲜或冷冻的标本，还需要需要一台能放大40倍和60倍的显微镜和一把精细的小镊子。还有一种方法是，去掉病蜂头部，撕开第一胸气门盖，取出气管，直接观察，这种诊断方法一旦熟练以后就会很快，如果用的是活蜂的话，还可以同时做药效试验，即根据死、活螨的死亡情况来测试杀虫剂的效果。

2. 血清学诊断法 使用ELISA技术进行血清学诊断，查看是否有鸟嘌呤的出现，因为蜜蜂在分解蛋白质时不会释放鸟嘌呤残基，这种方法已得到一些研究者的支持和肯定。

六、防治方法

1. 加强检疫 武氏蜂盾螨在国外许多国家都有发生，但我国目前尚未发现，因而我国将其列为对外检疫对象。因此，加强诊断与检疫仍是预防武氏蜂盾螨在我国蔓延的重要举措。应严格检疫或禁止进口来自有武氏蜂盾螨病国家的蜂群，对有发现武氏蜂盾螨病的蜂群要坚决烧毁。

2. 加强饲养管理 选择向阳、背风的地点作为越冬场地。越冬前的发病群，一定要更换蜂王，留足饲料，培养足够适龄越冬蜂。冬季要做好蜂群保温工作，提高群体抗螨力。早春提早让蜂群进行排泄飞行，淘汰患病的蜜蜂。对有武氏蜂盾螨病蜂群，也可以采取抽出封盖子，补充无病蜜蜂组成新群，原群烧毁。

3. 化学防治 蜜蜂和武氏蜂盾螨都是节肢动物，它们很多基本的生理学过程很相似，所以要找到一种适合的具有挥发性的化学药物比较困难。目前国外采用烟剂、熏蒸剂和内吸剂 3 种剂型防治武氏蜂盾螨。

（1）薄荷醇晶体 这是美国唯一授权的蜜蜂武氏蜂盾螨药，从野生薄荷属植物上提取，然而在外界温度较低时，薄荷醇晶体挥发量少而达不到治疗效果，但温度过高时，挥发量过大又对蜜蜂产生趋避作用，所以只有温度适中时治疗效果才明显。可以用 18cm×18cm 的塑料窗纱（每厘米约 6 孔）做成的包装袋盛装 50g 薄荷晶粒，放在巢脾上梁或箱底均可。

（2）甲酸 将 5mL 甲酸装在 10mL 注射瓶内，橡皮塞留有直径 1cm 的小孔，插入 6cm 长的花灯芯，露出 1cm 灯芯。瓶子置于子脾下的箱底。蜂箱四周密封，不关巢门。每天加药 5mL，连续熏蒸 21d。

4. 生物防治

（1）干扰法 在巢框上放一块植物油制的糖饼，原理是植物油挥发的气味起到了干扰雌螨搜寻新寄主的作用，这样能有效保护幼蜂不被侵染。

（2）培育抗病蜂种 防治武氏蜂盾螨最有效的方法还是培养抗病蜜蜂，现已发现有几个蜜蜂亚种对该螨产生抗性，比如 Buckfast 蜜蜂就能抵抗该螨，这个品系的蜂王已被商业化饲养和出售。研究表明，只要具有清理行为的蜜蜂通常会表现出较高的抗螨性。

第五节 蜜蜂其他螨病

一、恩氏瓦螨

恩氏瓦螨（*Varroa underwoodi*）于1987年首次在尼泊尔的东方蜜蜂群中发现，由Delfinado等定名。以后先后在韩国（1992）、越南（1999）、新几内亚岛（1997）和印度尼西亚（1997）的东方蜜蜂和欧洲蜜蜂，马来西亚婆罗洲（1996）的绿努蜂以及苏拉威西蜂上发现此螨。它们在上述蜂种中的雄蜂房内繁殖，但尚未观察到其在西方蜜蜂中的繁殖。据报道，我国云南土法饲养的中华蜜蜂中发现了恩氏瓦螨的危害，但还需进一步确诊。

二、林氏瓦螨

林氏瓦螨（*Varroa rindereri*）于1996年在马来西亚婆罗洲的沙巴蜂上发现，由De Guzman等定名。当时认为这种螨可能只寄生在沙巴蜂上，但后来在当地大蜜蜂巢屑中也有发现。

知识拓展

狄斯瓦螨、雅氏瓦螨、恩氏瓦螨和林氏瓦螨的形态十分相似（图8-7）。4个种雌成螨呈横椭圆形，棕褐色，背板两侧有15～26对棘状刚毛；胸板呈新月形，具5～6对刚毛；生殖腹板似五角形，后端膨大并密生刚毛；肛板呈倒三角形；腹侧板和后足板宽大，呈三角形；气门延伸成弯曲的气管游离于体壁；螯肢定趾退化短小，动趾较长而尖利；足粗短强壮。雄成螨卵圆形，较雌螨小，黄白色略带棕黄；背板上刚毛排列无序；腹面各板除盾形肛板明显外，几丁质化弱，界限不清；螯肢动趾特化为细长的导精趾。但雅氏瓦螨体型比狄斯瓦螨略小而圆。林氏瓦螨比狄斯瓦螨稍大，胸板上的刚毛和隙孔数目较少，气管长而弯度较大，须肢转节无刚毛（其他3种瓦螨的须肢转节上都有1根刚毛）。恩氏瓦

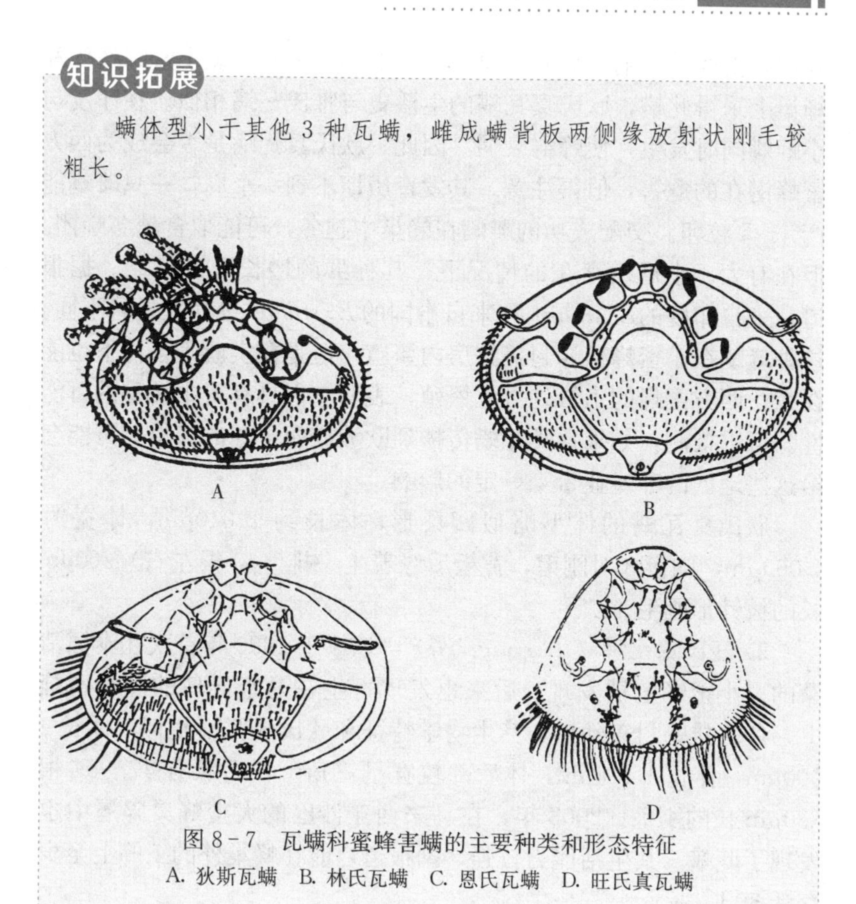

知识拓展

螨体型小于其他 3 种瓦螨，雌成螨背板两侧缘放射状刚毛较粗长。

图 8-7 瓦螨科蜜蜂害螨的主要种类和形态特征

A. 狄斯瓦螨 B. 林氏瓦螨 C. 恩氏瓦螨 D. 旺氏真瓦螨

三、真瓦螨属

真瓦螨属与瓦螨属种类的形态差异较明显，其与瓦螨属的主要区别是颚基沟有 13～14 个三角形小齿，无胸板隙孔。

1. 欣氏真瓦螨（*Euvarroa sinhai*） 1974 年由 Delfinado 在印度的小蜜蜂上发现该螨并定名。以后在泰国（1976）、斯里兰卡（1983）和伊朗（1986）的小蜜蜂上先后发现，现在从亚洲的伊朗经印度到斯里兰卡都有分布，据报道，1981～1984 年有研究者在我国云南西双版纳、德宏、思茅区南部的小蜜蜂和黑小蜜蜂蜂体和蜂巢上采得此螨，欣氏真瓦螨的生活史与雅氏瓦螨相似。在印度与小蜂螨同时发生，使蜂群衰弱。因此，欣氏真瓦螨是否会成为西方蜜蜂潜在的危害，值得注意。其发育历期不到一个周，一只雌螨能产 4～5 粒卵。交配成功的雌螨在蜂巢中越冬，可能取食越冬蜂团。但在有大、小蜂螨存在的情况下，其种群的增长受到抑制。据报道，来自印度的*E. sinhai* 和来自泰国的 *E. sinhai* 也存在显著不同。这种蜂螨在小蜜蜂雄蜂封盖巢房内繁殖，但是在实验室条件下也能在东、西方蜜蜂的工蜂幼虫上繁殖，表明它们具有寄主转移的可能性。可以推测，如果这类瓦螨传播到欧洲或西半球的蜂巢，可能会给这些地区的养蜂业带来一定的影响。

欣氏真瓦螨的体型略似阔梨形，体长约 1 040μm，体宽约 1 000μm，胸板 3 对刚毛，背板后缘着生一排（40 根左右）200μm 长的披针形刚毛。

2. 旺氏真瓦螨（*E. wongsirii*） 该螨于 1990 年首次在泰国清莱的黑小蜜蜂上被发现，后来也发现寄生在马来群岛的黑小蜜蜂上，危害雄蜂封盖幼虫，其生物学特征和欣氏真瓦螨相似，体长 1 000μm，体宽 1 125μm，体后部较宽呈三角形，后缘有 47～54 根 230μm 长的刚毛。2002 年，在马来西亚沙巴的大蜜蜂巢碎屑中也发现了此螨。其生活能力较强，据报道，能在蜂巢外的工蜂上至少存活 50d。

第九章
蜜蜂主要敌害及其防治

◎本章提要

蜜蜂敌害主要指捕食蜜蜂躯体，掠食蜂群内蜜、粉饲料或骚扰蜜蜂正常生活及毁坏蜂箱、巢脾的动物。常见的蜜蜂敌害主要有昆虫类、两栖类、鸟类、哺乳类等，其发生往往具有突然性，短暂性，危害严重性等特点，对养蜂业在一定程度上构成了较大的威胁。本章主要针对生产上威胁较大的敌害进行讲解，包括蜡螟、胡蜂、蚂蚁等。

第一节　蜡　　螟

危害蜜蜂的蜡螟有大蜡螟（*Galleria mellonella* Linne）和小蜡螟（*Achroia grisella* Fabr）两种，属于鳞翅目、螟蛾科、蜡螟属。

一、分布与危害

大蜡螟分布于全世界，小蜡螟主要分布于亚洲和非洲大陆。它们的幼虫蛀食巢脾（图 9－1），钻蛀隧道，造成“白头蛹”。轻者影响蜂群的繁殖力，重者造成蜂群的飞逃。东方蜜蜂较西方蜜蜂受害严重。

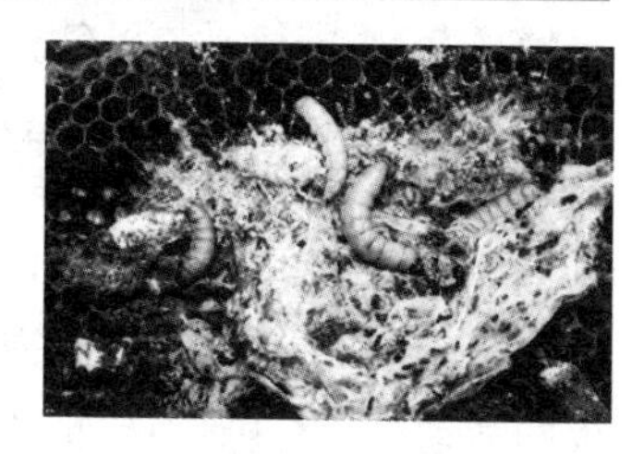

图 9－1　蜂脾受到大蜡螟侵害

二、形态特征

成虫：大蜡螟雌蛾体长 13～14mm，翅棕黑色，翅展 27～28mm，前翅近长方形，外缘较平直，雄蛾较小，头、胸部背面及前翅近内缘处呈灰白色，前翅外缘凹陷。小蜡螟雌蛾体长 9～10mm，翅展 21～25mm，雄体较小，前翅近肩角紧靠前缘处有一个长约 3mm 的菱形翅痣。

图 9-2 大蜡螟成虫

卵：大蜡螟卵呈粉红色，大小为 0.5mm×0.3mm，卵壳硬且厚；小蜡螟卵呈乳白色，大小为 0.3mm×0.2mm，卵壳软且薄。

幼虫：大蜡螟幼虫初孵时体乳白色，长 0.8～1mm，前胸背板棕褐色，老熟幼虫体长 23～25mm，体呈黄褐色。小蜡螟幼虫初孵时乳白色至黄白色，体长 0.7～0.9mm，老熟幼虫体长 15～18mm，体呈蜡黄色。

蛹：大蜡螟蛹呈纺锤形，长 12～14mm，白色或黄褐色。小蜡螟蛹长 8～10mm，黄褐色。

三、生物学特性

大蜡螟在我国一年发生 2～3 代，卵期 8～23d，幼虫期 28～150d；蛹期 9～62d，成虫寿命 9～44d。白天雌蛾隐藏在缝隙处，夜间活动；于缝隙中产卵 300～1 800 粒。初孵幼虫极小，爬行速度极快，1d 后由箱底蜡屑中爬上巢脾，蛀蚀巢脾，幼虫五至六龄后，食量增大，破坏力加重。小蜡螟一年可发生 3 代；幼虫期 42～69d，蛹期为 7～9d，成虫期为 4～31d。

四、防治方法

1. 及时化蜡 淘汰旧脾，换下的老旧脾要及时化蜡。

2. 清洁蜂箱 经常清扫蜂箱内壁和箱底的蜡屑，保持蜂箱内的清洁。封闭蜂箱缝隙，铲除巢虫滋生地。

3. 生物防治 苏云金杆菌的伴孢晶体，在被蜡螟幼虫食入之后，就会释放出有毒物质将其杀死，而对蜜蜂无害。用 0.14%的苏云金杆菌乳剂喷脾，大蜡螟第 5 天死亡率达 90%。

4. 化学防治

①二硫化碳 每个继箱体用 10mL，滴加在厚纸上，置框梁上密闭熏蒸 24h 以上。

②甲酸蒸汽 使用 96%的甲酸蒸汽对蜡螟的卵、幼虫熏治。

③二氧化硫 又名亚硫酐，是燃烧硫黄所产生的烟雾。每个继箱按充分燃烧 3～5g 硫黄计算用量，密闭熏蒸 24h 以上。

5. 物理防治 巢脾在 50℃下加热 40～60min（不得超熔点），即可杀死各个发育阶段蜡螟。也可采取低温处理，将巢脾放在－7℃下经过 5～10h 冷冻，可将各虫期蜡螟杀死。所以在我国北方地区，冬季储藏的巢脾放置在室外，也可取得较好的防治效果。

第二节 胡 蜂

危害蜜蜂的胡蜂属于膜翅目、胡蜂总科、胡蜂科、胡蜂属，是蜜蜂在夏秋季节的主要敌害。

一、分布与危害

主要分布在海拔 1 000～2 000m 山区，危害蜂业的胡蜂主要有金环胡蜂（*Vespa manderinia* Smith）、黄边胡蜂（*V. Crabro* L.）、

黑盾胡蜂（*V. bicoloro* Fabricius）和基胡蜂（*V. basalis* Smith）等。在山区和丘陵地区的夏末秋初季节，胡蜂常盘旋于蜂场上空或守候在巢门前，捕捉外勤蜂；此外，还能进入蜂巢，危害蜜蜂幼虫和蛹，严重时造成蜂群飞逃。

二、形态特征

金环胡蜂：雌蜂体长30～40mm，头部黄色，中胸背板黑色，腹部棕褐色，上颚近三角形。雄蜂体长约34mm，体呈褐色。

黄边胡蜂：黄边胡蜂比普通黄胡蜂大，但比金环胡蜂细小。雌蜂体长22～30mm。头部除额部色深外，全呈橘黄色。第三至五背板基半部深棕色，端半部有棕黄横带。雄虫体长约25mm。唇基端部无齿。腹部7节。

黑盾胡蜂：雌蜂体长28～34mm，头部鲜黄色，中胸背板黑色，其余黄色，上颚鲜黄色。雄蜂体长25～29mm，唇基部具有不明显突起的2个齿。

基胡蜂：雌蜂体长19～27mm，头部浅褐色，中胸背板黑色，其余黑色。上颚黑褐色，端部4个齿。

三、生物学特性

胡蜂与蜜蜂都是营群居性生活的社会性昆虫，群体由蜂王、工蜂和雄蜂组成，与蜜蜂不同的是一群胡蜂中可多只蜂王同巢；胡蜂在秋季交尾受精后便进入越冬期，翌年3～4月开始产卵繁殖；多在早晚、阴天或雨后活动，具杂食性。

四、防治方法

胡蜂来犯时，加强巡视，拿拍子将其拍死；缩小巢门或在巢门处设置栅栏，阻止胡蜂入巢危害；也可寻找胡蜂巢，将巢摘除烧毁。

第三节 蚂　蚁

蚂蚁属膜翅目、蚁科。危害蜜蜂的主要有大黑蚁（*Camponotus japonicus* Mary.）和棕黄色家蚁（*Monomorium pharaonis* L.）。

一、分布与危害

分布极广泛；在春、夏、秋三季活动频繁，常在蜂箱附近爬行，并钻进蜂箱盗食蜂粮以及搬运蜜蜂幼虫，受害蜜蜂采蜜能力下降，蜂王减少或停止产卵，群势减弱，严重时造成蜂群飞逃。

二、形态和习性

蚁后腹部大，触角短，胸足小，有翅、脱翅或无翅；雄蚁头圆小，上颚不发达，触角细长；工蚁无翅，复眼小，单眼极微小或无，上颚、触角和三对胸足都很发达；兵蚁头大，上颚发达。蚂蚁为社会性昆虫，食性杂。

三、防治方法

蜂箱四角各放入盛水容器中，还可围绕蜂箱均匀撒生石灰、明矾或硫黄等驱避；还可用沸水毁掉蚁穴。

第四节 蜂　虱

蜂虱（*Braula coeca* Nitzsch）属于双翅目、鸟蝇总科、蜂蝇科。

一、分布与危害

主要分布于东欧、中亚和非洲地区，在我国尚未发现。蜂虱常出现在蜂王和工蜂的头部和胸部绒毛处，掠食蜂粮，使蜂群烦躁不安，蜂王减少或停止产卵；蜂虱幼虫在巢脾中钻蛀孔道，破坏巢础。

二、形态特征

成虫红褐色，周身绒毛，大小为1.5mm×1mm，头三角，管状口器；幼虫体肥大，乳白色。

三、生活习性

雌虫在蜂箱隐蔽处产卵，幼虫钻蛀巢脾，盗食蜂粮，卵到成虫21d。

四、防治方法

饲养强群，淘汰旧脾；切除蜜盖，集中化蜡；利用烟叶和茴香油等熏杀。

第五节 芫　菁

芫菁（*Meloe variegates*）属于鞘翅目、芫菁科，别名地胆。

一、分布与危害

在我国安徽、黑龙江、吉林和新疆等省的蜂群发生过地胆病。危害蜜蜂的芫菁主要有复色短翅芫菁（*Meloe variegates* Donovan）和曲角短翅芫菁（*M. proscarabaeus* L.），其幼虫寄生在蜂体上危害。

二、形态特征

复色短翅芫菁幼虫为黑色，头呈三角形，体长3.0～3.8mm；曲角短翅芫菁幼虫为黄色，头呈圆形，体长1.3～1.8mm。

三、生活习性

成虫以杂草和灌木类植物为食，其一龄幼虫为三爪蚴，爬上花朵，能附在蜜蜂身体上，钻入蜜蜂胸部和腹部节间膜处，吸食其血淋巴，并随蜜蜂进入蜂箱，幼虫以蜂卵、幼虫和蜂粮为食；有时还能危害雄蜂和蜂王。

四、防治方法

捕杀蜂场附近的芫菁成虫，再用烟叶熏杀，并烧毁收集芫菁幼虫。

第六节 驼背蝇

驼背蝇（*Phora incrassate* Meigen）是以蜜蜂幼虫体液为食的内寄生蝇，属双翅目、蚤蝇科。

一、形态与危害

成虫体长3～4mm，呈黑色，胸部大而隆起，足发达。通常由巢门潜入蜂箱，在未封盖的幼虫房内产卵。卵暗红色，3h后孵化的幼虫能吸食蜜蜂体液。经6～7d后，幼虫离开蜜蜂尸体，爬出巢房并潜入箱底赃物或土壤中化蛹，经过12d后羽化。

二、防治方法

饲养强群，保持蜂箱清洁，可用烟叶熏杀或利用杀螨剂熏杀。

第七节 蜂巢小甲虫

蜂巢小甲虫（*Aethina tumida* Murray）又称蜂箱小甲虫，是一种蜜蜂寄生虫，来源于撒哈拉以南的非洲大陆，1996年以前仅在原发地危害蜂群，但自1996年以后，世界许多国家相继发现蜂巢小甲虫，防治极其困难，给养蜂业造成重大损失。

尤其是在暴雨等恶劣天气的影响下，温度和湿度大幅度提高，蜂巢小甲虫一旦出现危害，则可造成蜂场的严重受损，甚至会因防控不利而影响到我国整个蜂业的生产和发展，所以必须加强受灾后蜂巢小甲虫的防控。

一、分布

传入美国的蜂巢小甲虫源于撒哈拉以南的非洲大陆。1996年，美国南卡罗来纳州的查尔斯顿最先收集到了未经鉴定的蜂巢小甲虫样本，1998年美国佛罗里达州确认了出现的小甲虫为蜂巢小甲虫，到2001年，蜂巢小甲虫已经传播到美国的18个州，后有25个州相继报道发生蜂巢小甲虫。到2000年夏天，在埃及首都西北部发现蜂巢小甲虫，同年在加拿大马尼托巴省也发现蜂巢小甲虫，2000年在澳大利亚的悉尼西北部的里士满也发现了蜂巢小甲虫。目前蜂巢小甲虫已遍布除南极洲之外各大洲，意大利（2014）、巴西（2014）、菲律宾（2015）、伯利兹（2017）、加拿大（2017）、韩国（2017）和毛里求斯（2018）都先后发现蜂巢小甲虫。

二、危害

如果蜂房侵入了大量的蜂巢小甲虫幼虫（图9－3A），则对蜂群的危害是难以估量的，无论是强群还是弱群，都会被毁掉。蜂巢小甲虫幼虫以蜂蜜和花粉为食，它们挖洞穿过蜂巢，所经之处全被破坏。这样造成的直接后果是使蜂蜜颜色不正常，并伴有发

图9－3　蜂巢小甲虫侵染巢脾

A. 幼虫　B. 成虫

酵现象，还散发出一种类似于烂橙子的异味。在巢房和封盖被破坏且发酵的情况下，蜂蜜会起泡并溢出巢房，甚至流出蜂箱。有时蜂巢小甲虫幼虫所经之处会留下一种带臭味的黏质物，这种物质可迫使蜜蜂弃巢而逃。成年甲虫（图 9－3B）则喜食蜜蜂卵和幼虫，严重影响蜂群繁殖力，致使蜂群垮掉、飞逃，甚至死亡。

三、生物学特性及形态特征

蜂巢小甲虫属鞘翅目、露尾甲科，是完全变态昆虫，具有卵、幼虫、蛹和成虫 4 个不同虫态（图 9－4）。

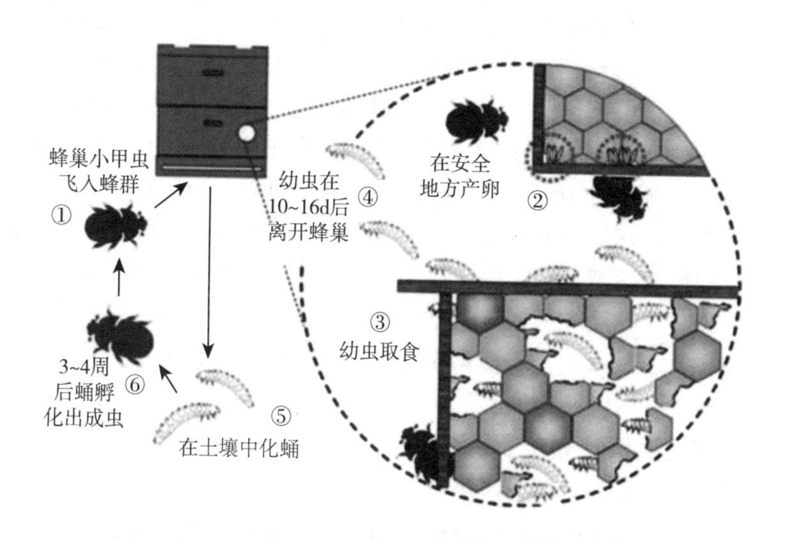

图 9－4　蜂巢小甲虫生活史

卵：蜂巢小甲虫的卵呈珍珠白色，长条形，通常为 1.4mm×0.25mm。同工蜂卵很相似，但比工蜂卵小，约为工蜂卵的 2/3。蜂巢小甲虫一生可产卵 1 000 多只，最高可达 2 000 只。一般产在蜂箱内巢脾的缝隙间，或在哺育蜂不多的幼虫脾和粉蜜脾，且呈堆状或团状。卵期 2～3d。这与蜂巢的相对湿度有关，通风和湿度低于 50％有利于卵的孵化。

幼虫：蜂巢小甲虫的幼虫呈乳白色，体背各节有2排突起，具有3对胸足。幼虫期约16d，其中在蜂巢中13d，幼虫完全长大后体长10～11mm。成熟幼虫在晚上离开蜂巢进入土壤。80%的幼虫一般在土壤深度不超10cm处化蛹，最深也不会超过20cm。成熟晚的幼虫个体较小，发育成的幼虫也较小，它们大多数在进入土壤化蛹前死亡。

蛹：离开蜂巢后，成熟的小甲虫幼虫进入土壤。雌性甲虫的蛹期比雄性短。蛹的前期是白色，逐渐变成棕色。其受土壤湿度的影响比土质本身要大，干燥土壤不利于化蛹，在潮湿土壤中小甲虫化蛹率在92%～98%。因此，土壤的湿度是限制蜂巢小甲虫发育的关键因素。整个蛹期一般为3～4周。

成虫：羽化后，通常雌成虫比雄成虫要大，雌虫体长约为5.7mm，雄虫体长约5.5mm，其体宽一般相同，约为3.2mm。雌成虫在数量和体重上略大于雄性，雌虫约14.2mg，雄虫约12.3mg。触角末端锤状，前胸背板后缘角状，鞘翅短。由于生长条件不同，蜂巢小甲虫的个体差异范围也可能较大，由开始的浅黄色或棕色，逐渐变成深棕色或黑色。刚羽化的成虫很活跃，1～2d就能飞行，雌性成虫在从土壤里钻出7d就开始产卵，一般的成虫寿命在2个月以上，若食物充足，甚至可能存活超过6个月，主要以花粉、蜂蜜及蜜蜂卵和幼虫为食。蜂巢小甲虫对水和湿度要求较高，在高温和干燥的气候下甲虫会死亡。蜂巢小甲虫成虫能飞行数千米，且一般在日落后飞出。

四、传播方式

蜂巢小甲虫传播途径较为广泛，主要通过蜂群、蜂箱、蜂笼和蜂蜡以及进出境各种包装上附着的土壤等传播。虽然蜜蜂是蜂巢小甲虫的最佳寄生源，但在其他寄主中也可存活。研究表明，蜂巢小甲虫在缺乏蜜蜂房的情况下也可以存活和传播，例如，鳄梨、哈密瓜、柚子和其他水果，有研究者曾经在一个哈密瓜上观察到近500个卵，但在这些水果中其寄生生长比在蜂蜜和花粉中寄生生长要差。因此，蜂巢小甲虫还可通过寄生在果蔬产品中经流通而得以传播。

五、诊断

1. 临床诊断 箱内观察时，首先要观察蜂箱的角落，巢框上梁和箱壁的中间，打开的巢房或底板的碎屑下面，观察有无甲虫或其幼虫，然后抓住巢框抖掉一半的蜜蜂后将巢框取出，同时观察蜂箱底部有无甲虫或幼虫，在距离蜂箱不远的平地上铺上纸，使巢脾水平置于纸上方，将巢框竖立起来，轻敲后观察纸上的残留物，看有无甲虫或其他类似甲虫。从巢脾上观察有以下两个症状是最明显的：第一，看脾上蜂蜜的变化，一般被甲虫摄食过的蜂蜜呈水态并发酵；第二，被甲虫侵染的蜂群有较强的腐臭烂橘子的味道。从蜂群整体上观察，出现蜂群繁殖力低、蜂群不明原因的逃蜂以及蜂群内勤蜂不明原因的减少清理行为等症状。

2. 形态诊断 在形态上确认蜂巢小甲虫（图 9－5）的最好方法是在解剖镜下与样本进行比较。

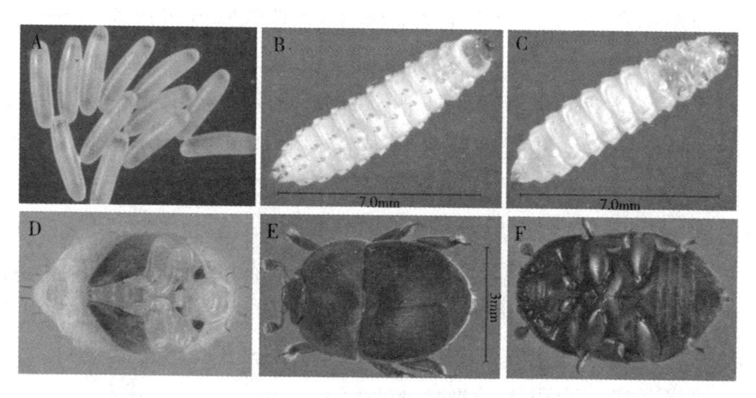

图 9－5 蜂巢小甲虫形态

A. 卵 B. 幼虫背面观 C. 幼虫腹面观 D. 雌蛹
E. 雄性成虫背面观 F. 成虫腹面观

（1）成虫形态鉴定 蜂巢小甲虫的体色随着日龄的增长而不断

加深，由开始的浅黄色或棕色，逐渐变成深棕色或黑色。体为椭圆形，体长一般约为5mm，宽度约为3mm。放大镜下观察，可见棒状触角，末端有许多小节，基节较粗，触角末端锤状。背板坚硬，前胸背板宽大，后缘角状，有3对足，鞘翅短，腹节4节。

（2）幼虫形态鉴定　蜂巢小甲虫幼虫体长1.2cm，宽1.6mm。背部各节有2个突刺，头壳较大，3对足。可产生黏液，这些黏液可以驱避蜜蜂，但是不能驱避其他昆虫，巢脾上有黏液是受蜂巢小甲虫侵染较明显的标志物。

六、防治方法

1. 加强饲养管理　蜂场应选择在干燥、向阳的地方，转地放蜂或为农作物授粉的蜂群应远离灌溉农田，因为潮湿的土壤有利于小甲虫繁殖。如果出现了雨水堆积，则可考虑转场等必要措施，降低风险。要做到全年饲养强群，控制幼虫病、螨害和巢虫等蜜蜂病虫害，淘汰劣质蜂王，严禁频繁分群，确保群内饲料充足。养殖过程中注意蜂脾关系，做到蜂脾相称或蜂多于脾，否则脾上的小甲虫或外面的小甲虫在晚上时很轻易就可以在蜂脾上产卵，藏匿在蜂脾上的小甲虫的卵很快就可以孵化。储藏时，把室内的湿度降到50%以下，保证所有从巢房中移出来的蜜脾，在48h内把蜜摇净。储蜜库房要保持清洁，防止蜂巢小甲虫侵袭蜜脾，养蜂人还应经常清理箱底或工作间的蜡屑，妥善保管花粉和花粉脾。

2. 物理防治　根据蜂巢小甲虫不同虫态能耐受的最低温度进行控制小甲虫。一般的早期幼虫期的小甲虫的最低耐受温度是−13.2℃，成熟幼虫是−12.9℃，蛹期−13.3℃，成虫−11.7℃。所以选择−13.3℃以下的温度，对蜂箱、脾、蜂产品进行超冷却点控制也是可行的。

3. 化学防治

（1）苄氯菊酯防治　苄氯菊酯主要是用于控制土壤中化蛹的蜂巢小甲虫。具体的使用浓度为每升水中加入1mL苄氯菊酯（500g/L），使用剂量为每平方米用 4L。傍晚施用，此时蜂群不活跃，有利于施药，也可在转到新的场地前 1～2d 使用，在蜂群巢门前、周边 45～60cm 的范围内，把地表全部灌湿。每隔 30d 用一次药。

温馨提示

建议在施药前把巢门前的草都割除，要用大容器灌药，而不是使用喷淋的方式，同时应避免家畜接触药剂。

（2）二硫化碳熏杀　如无法购买上述药品，可以选用二硫化碳熏杀储存巢脾的方法进行防治。

（3）漂白粉防治　针对进入土壤中的甲虫可根据不同的土质采取相应措施，一般在蜂场洒些漂白粉对防治蜂巢小甲虫也可以起到一定的作用。一般来说，用于防控蜂群巢虫的方法对防治蜂巢小甲虫同样有效。

（4）诱杀成虫　采用市售诱捕装置（图 9－6），在装置内加入含有有机磷、除虫菊酯类杀虫剂的食物诱饵，成虫进入后因采食毒饵而死。

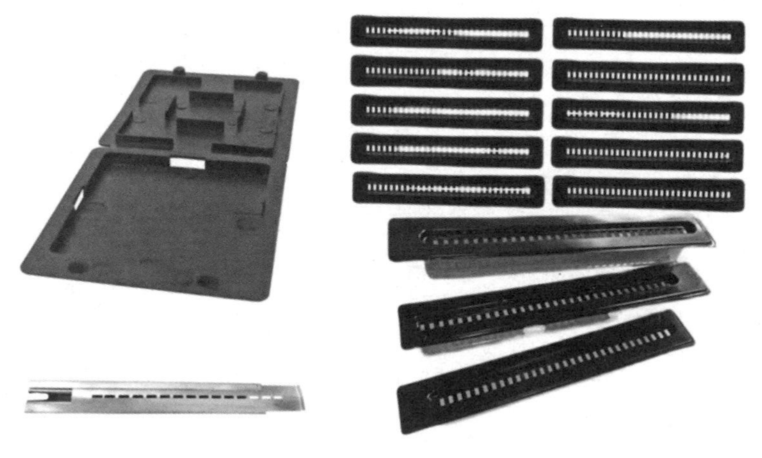

图 9－6　各类诱捕装置

4. 生物防治　根据报道，目前可以选用土壤捕食线虫和真菌制剂等方法进行生物防治，目前国外已经选出三种有效防控蜂巢小甲虫的线虫，如 *Heterorhabditis indica*、*Steinernema carprocapsae* 以及 *Steinernema riobrave*。

5. 隔离、烧毁和联合防治

首先要对疫区进行隔离，根据蜂巢小甲虫的生活习性及迁飞距离，对疫区进行隔离的距离至少在 10km 以上。必要时应采取对污染蜂群及蜂机具进行烧毁并深埋的方法进行彻底防治。根据饲养情况，对当地周边蜂场、临近县市，甚至临近省份的蜂场开展联合防治。

第十章 蜜蜂中毒及其防治

◎本章提要

蜜蜂对有毒物质无论是化学物质还是自然产物或是食物中的毒素，反应均极为敏感。蜜蜂中毒虽不具有传染性，但往往一旦发病，受害的范围广泛，往往养蜂员还未来得及采取措施，全场蜂群已经损失严重，甚至全场被毁。本章主要从农药中毒、甘露蜜中毒、茶花中毒三个方面进行讲解。

第一节　农药中毒

由于农药的大量使用，引起蜜蜂中毒事件逐年增加，使养蜂业蒙受重大的经济损失，也使一些农作物因为得不到充分授粉而导致产量降低和品质下降，影响农业收益和生态效益。农药可导致蜜蜂急性中毒和慢性中毒。

蜜蜂突发事件处理

一、常见症状

蜜蜂农药中毒损失很大，全场蜂群突然出现大量死蜂，中毒的蜂群群势会快速下降，甚至有全群覆没；性情暴躁；无力附在脾上而坠落箱底；幼虫从巢房脱出挂于巢房口，出现“跳子”现象。

二、农药对蜜蜂的风险

农药不仅可以直接杀死蜜蜂而且还可以间接污染花蜜、花粉和水源等。农药对蜜蜂的风险评估在实验室水平上的指标主要是死亡率。由于农药尤其是杀虫剂在亚致死剂量下使蜜蜂个体的性能减弱，而且使种群动态紊乱，因此，越来越多的政府机构和专家意识到农药对蜜蜂的亚致死效应，尤其是长期效应更应该受到重视。国外已有关于农药对蜜蜂亚致死效应的研究。经济合作与发展组织（OECD），欧洲和地中海植物保护组织（EPPO）和美国环境保护署（EPA）制定了相关的实验室标准。OECD 和 EPPO 指导方针要求记录蜜蜂异常行为以及反常的蜜蜂数量。EPA 蜜蜂急性毒性指导方针有更多的规定，如中毒征兆、其他异常行为，包括混乱、无力和超敏反应，试样应该记录每个剂量下的测试期、起始时间、持续时间、严重程度和受影响的数量。

欧盟利用室内数据和半大田与大田数据得来的危害商值（Hazard Quotient，HQ）［危害商值＝农药使用剂量（g/ha）/ LD_{50}（μg/bee）］和蜜蜂行为的改变来进行风险评估。如果在某个区域蜜蜂取食或接触农药的危害商值超过 50，或者对蜜蜂幼虫、蜜蜂行为或蜂群生存与发育产生影响，则在该区域该农药不会被批准使用。

三、预防与急救措施

为了避免蜜蜂发生农药中毒，养蜂场和施用农药的单位应密切合作，共同制定施药时间、药剂种类和施用方法，既能保证药效又能避免蜜蜂中毒。

对发生严重中毒的蜂场应尽快包装蜂群，撤离施药区，清除蜂箱内的有毒饲料，将被农药污染的巢脾放入 2%苏打水中浸泡 12h 以上，然后用清水冲洗晾干后备用。

对发生轻微农药中毒的蜂群，立即饲喂稀薄的糖水（1∶4）或蜜水。

第二节 甘露蜜中毒

一、原因

甘露蜜与蜂蜜不同，蜜蜂取食后不易消化，从而引起中毒。甘露蜜包括甘露和蜜露两种。

甘露是由蚜虫、介壳虫分泌的甜汁。在干旱年份里，蚜虫和介壳虫发生严重，它们会排出大量甘露于松树、柏树、杨树、柳树、槭树、椴树等乔木和灌木上，以及禾本科的高粱、玉米、谷子等植物的叶片及枝干上，甘露会吸引蜜蜂去采集，一方面因蜜蜂采集甘露后因消化不良而出现爬蜂或死亡；另一方面这些昆虫分泌的汁液往往被细菌或真菌等病原微生物污染而产生毒素，蜜蜂吃了这种含有毒素的分泌物也会引起中毒。

蜜露则是由于植物受到外界气温变化的影响后，所分泌的一种含糖汁液。蜜露色泽深暗，味涩，没有花蜜那种芳香气味，因此，蜜蜂一般不喜欢采集蜜露。但在外界蜜源缺乏时，蜜蜂也会去采集，将其运回蜂巢，酿制成甘露蜜。

甘露蜜中葡萄糖和果糖含量较少，蔗糖含量较高，还含有大量糊精、无机盐和松三糖。甘露蜜的毒性成分主要是由于它们所含的无机盐，特别是钾；糊精是蜜蜂不易消化的物质；松三糖是一种非还原三碳糖，可从多种树的汁液中萃取出来，如落叶松或黄杉，松三糖可以部分被水解成葡萄糖和松二糖，松三糖则是使甘露蜜结晶的主要成分，结晶的甘露蜜，蜜蜂无法食用，食用后会引起严重的消化不良，从而造成死亡。

二、症状

甘露蜜主要是使采集蜂中毒死亡。中毒蜂腹部膨大，下痢，排泄大量粪便于蜂箱壁、巢脾框梁及巢门前。解剖观察，蜜囊膨大成球状，中肠黑色，内含黑色絮状沉淀物，后肠呈蓝色至黑色，其内充满暗褐色至黑色粪便。中毒蜜蜂萎靡不振，有的从巢脾上和隔板上坠落于蜂箱底，有的在箱底和巢门附近缓慢爬行，失去飞翔能力，死于箱内和箱外。严重时幼虫和蜂王也会中毒死亡。

三、检验方法

1. 蜜蜂的检验

（1）消化道检验法　解剖消化道，观察中肠及后肠有无异常变化。

（2）电导率检验法　取待检蜜蜂20只研磨，加无菌水10mL，制备悬浮液，过滤后，取滤液6mL置于小称量瓶中，用电导仪测定。如测得电导率在1 200mV/cm以上时，则可确定为甘露蜜中毒。

2. 蜂蜜的检验

（1）电导率检验法　根据甘露蜜中无机盐含量比蜂蜜高而电导率也相应增高的原理，采用电导仪测定法，若测得电导率在80±20mV/cm以上时，即可证明含有甘露蜜。

（2）酒精检验法　取待检蜜3mL，放于玻璃试管内，用等量蒸馏水稀释，再加入95%酒精10mL，摇匀后若出现白色混浊或沉淀时，则表明含有甘露蜜。

（3）石灰水检验法　取待检蜜3mL，放于玻璃试管内，用等量蒸馏水稀释，再加入澄清的饱和石灰水6mL，充分摇匀，在酒精灯上加热煮沸，静止数分钟，如出现棕色沉淀，即表明含有甘露蜜。

四、防治方法

甘露蜜中毒的防治，应以预防为主。

1. 加强饲养管理　在晚秋蜜源结束前，蜂群内除留足越冬饲料外，应将蜂群搬到无松、柏的地方。对于缺蜜、少蜜的蜂群要及时作补充饲喂。对于已采集甘露蜜的蜂群，在蜂群越冬之前，将其箱内含有甘露蜜的蜜脾全部撤出，换以优质蜜脾或喂以优质蜂蜜及白砂糖作为越冬饲料。

2. 注意防病　如蜜蜂因甘露蜜中毒而并发孢子虫病、阿米巴病或其他疾病时，应采取相应的防治措施。

第三节 茶花中毒

一、病因

茶花蜜中除含有微量的咖啡因和甙外，还含有较高的多糖成分。引起蜜蜂中毒是由于蜜蜂不能消化利用茶花蜜中的低聚糖成分，特别是不能利用结合的半乳糖成分，而引起生理障碍。

二、症状

茶花蜜中毒主要引起蜜蜂幼虫死亡。死虫无一定形状，也无臭味，与病原微生物引起的幼虫死亡症状明显不同。

三、防治方法

采用分区饲养管理结合药物解毒，使蜂群既可充分利用茶花蜜源，又尽可能少取食茶花蜜，以减轻中毒程度。分区管理根据蜂群的强弱，分为继箱分区管理和单箱分区管理。

1. 继箱分区管理 该措施适用于群势较强的蜂群（6 框足蜂以上）。具体做法是：先用隔离板将巢箱分隔成两个区，将蜜脾、粉脾和适量的空脾连同蜂王带蜂提到巢箱的任一区内，组成繁殖区。然后将剩下的脾连同蜜蜂提到巢的另一区和继箱内，组成生产区（取蜜和取浆在此区进行）。继箱和巢箱用隔王板隔开，使蜂王不能通过，而工蜂可自由进出。此外，在繁殖区除了靠近生产区的边脾外，还应分别增加一张蜜粉脾和一个框式饲喂器，以便人工补充饲喂并阻止蜜蜂把茶花蜜搬进繁殖区。巢门开在生产区，繁殖区一侧的巢门则装上铁纱巢门控制器，使蜜蜂只能出不能进。

2. 单箱分区管理 将巢箱用铁纱隔离板隔成两个区，然后将蜜脾、粉脾和适量的空脾及封盖子脾同蜂王及蜂放到任一区内，组成繁殖区。另一区组成生产区，上面盖纱盖，注意在隔离板和纱盖之间应留出空隙，使蜜蜂自由通过，而蜂王不能通过。在繁殖区除在靠近生产区的边框加一个蜜粉脾外，还在靠近隔板处加一个框式饲喂器，以便用作人工补充饲喂和阻止蜜蜂将茶花蜜搬入繁殖区，但在生产区的一侧框梁上仍留出蜂路，以便蜜蜂能自由出入。巢门开在生产区，将繁殖区一侧的巢门装上铁纱巢门控制器，使蜜蜂只能出不能进，而出来的采集蜂只能进生产区，这样就避免繁殖区的幼虫中毒死亡，达到解救的目的。

温馨提示

注意喂药与饲养管理相结合。第一，繁殖区每天傍晚用含少量糖浆的解毒药物（0.1%的多酶片、1%乙醇以及0.1%大黄苏打片）喷洒或浇灌；隔天饲喂1∶1的糖浆或蜜水，并注意补充适量的花粉。第二，采蜜区要注意适时取蜜，在茶花流蜜盛期，一般3～4d取蜜1次，若蜂群群势较强，可生产王浆或采用处女王取蜜，每隔3～4d用解毒药物糖浆喷喂1次。

第十一章
蜂群四季管理

◎本章提要

蜂群饲养管理是一项科学性很强的技术。养蜂需要严格遵守自然规律，正确地处理蜂群与气候、蜜源之间的关系，并根据蜜蜂生物学的特性和饲养目标，科学地引导蜂群的活动。注意掌握蜂群壮年蜂出现的高峰期和主要流蜜期或授粉期相吻合，这是奠定蜜、蜡、浆、粉、胶、毒和虫蛹等蜜蜂产品高产以及高效授粉的基础。

气候变化可影响蜜蜂发育和蜂群群势，同时气候条件也可影响蜜粉源植物的开花时间及泌蜜数量。而蜜粉源条件对蜂群的活动和群势的消长也存在着较大的影响。蜂群的阶段管理就是根据不同阶段的外界气候、蜜源条件、蜂群本身的特点，明确蜂群饲养管理的目标和任务，制定并实施某一阶段的蜂群管理方案。

全国各地的养蜂自然条件千变万化，即使同一地区，每年的气候和蜜粉源条件以及蜂群状况也不尽相同。本章在介绍不同季节蜜蜂管理要点的基础上，重点介绍不同季节蜂群管理时应注意的病虫害防治技术。

第一节 春季管理

春季是蜂群周年饲养管理的开端。蜂群春季增长阶段从蜂群越冬结束蜂王产卵开始，到流蜜阶段到来为止。此阶段根据外界气候、蜜粉源条件和蜂群的特点，蜂群群势可划分为恢复期和发展期。

1. 恢复期 越冬工蜂经过漫长的越冬期后，生理机能远远不如春季培育的新蜂。蜂王开始产卵后，越冬蜂腺体发育，代谢加强，加速了衰老，因此在新蜂没有出房之前，越冬工蜂就开始死亡。此时，蜜蜂群势非但没有发展，而且还继续下降，是蜂群全年最薄弱的时期。新蜂出房后逐渐取代了越冬蜂，蜜蜂群势开始恢复上升。当新蜂完全取代越冬蜂，蜜蜂群势恢复到蜂群越冬结束时的水平，标志着早春恢复期的结束。蜂群恢复期一般需要 30～40d。蜂群在恢复期，因越冬蜂体质差、早春管理不善等原因，越冬蜂死亡数量一直高于新蜂出房的数量，使蜂群的恢复期延长，甚至群势持续下降直至蜂群灭亡，造成春衰。

2. 发展期 蜂群结束恢复期后，群势上升，直到主要蜜源流蜜期前，这段时间为蜂群的发展期。处于发展期的蜂群，群势增长迅速。发展后期蜂群的群势壮大，应注意控制分蜂热。

温馨提示

春季发展期的管理是全年养蜂生产的关键，春季蜂群发展顺利就可能获得高产，否则可能导致全年养蜂生产失败。

一、春季蜂群易发病虫害

传染性病虫害：这个阶段的病害既包括幼虫期病害，也包括成虫期病害。幼虫期病害包括囊状幼虫病、白垩病、欧洲幼虫腐臭病，成虫期病害包括孢子虫病、螨害、病毒病等。

非传染性病虫害：包括消化不良、低温伤害、卵冻伤等。

二、春季增长阶段的饲养管理目标及主要任务

一般来说，我国各地蜂群春季增长阶段的条件特点基本一致：早春气温低，时有寒流；蜜蜂群势弱，保温能力和哺育能力不足；蜜粉源条件差，尤其花粉供应不足。随着时间的推移，养蜂条件逐渐好转，天气越来越适宜；蜜粉源越来越丰富，甚至有可能出现粉蜜压子脾的现象；蜜蜂群势越来越强，后期易发生分蜂热。

为了在有限的蜂群增长阶段培养强群，使蜂群壮年蜂出现的高峰期与主要花期相吻合，此阶段的蜂群管理目标是以最快的速度恢复和发展蜂群。蜂群春季增长阶段的主要任务是克服蜂群春季增长阶段的不利因素，创造蜂群快速发展的条件，加速蜜蜂群势的增长和蜂群数量的增加。

蜜蜂群势快速增长必须具备有产卵力强和控制分蜂能力强的优质蜂王、适当的群势、饲料充足、巢温良好等条件。

温馨提示

春季增长阶段影响蜜蜂群势增长的常见因素主要有外界低温和箱内保温不良、保温过度、群势衰弱、哺育力不足、巢脾储备不足影响扩巢以及发生病敌害、盗蜂、分蜂热等。

蜂群春季增长阶段管理的一切工作都应围绕着创造蜂群快速增长的条件和克服不利蜜蜂群势增长的因素进行。其他季节的流蜜阶段前蜂群增长阶段管理可参照春季管理进行。

三、春季增长阶段的蜂群病虫害管理要点

1. 放蜂场地 蜂群春季增长阶段的场地要求周围一定要有良好的蜜粉源，尤其是粉源，因为幼虫发育不能缺少花粉，粉源不足就会影响蜂群的恢复和发展。蜂群春季的养蜂场地，初期粉源一定要丰富，中、后期则要蜜粉源同时兼顾。

蜜源条件要求蜂群的进蜜量等于耗蜜量，也就是蜂箱内的储蜜

不增加也不减少。蜜源不足蜂群将自行调节蜂王的产卵量，影响蜜蜂群势增长；流蜜量大，采进的花蜜挤占了蜂王产卵巢房，蜂群的主要工作转移到采酿蜂蜜，而高强度的采集工作会缩短工蜂寿命，致使蜂群的发展受到影响。在养蜂实践中优先选择蜂群储蜜量缓慢增长的蜜源，如果在储蜜量缓慢减少的蜜源场地，则需奖励饲喂。

春季蜂场应选择在干燥、向阳、避风的场所，最好在蜂场的西、北两个方向有挡风屏障。冷风吹袭使巢温降低，不利于蜂群育子，且易加速工蜂衰老。北方春季管理的一项不可忽视的措施是为蜂群设立挡风屏障。

2. 促使越冬蜂排泄飞翔 正常情况下蜜蜂都在巢外飞翔中排泄。越冬期间蜜蜂不能出巢活动，消化产生的粪便只能积存在直肠中。在越冬期比较长的地方，越冬后期蜜蜂直肠的积粪量常达自身体重的50%。到了冬末，由于腹中粪便的刺激，蜜蜂不能再保持安静的状态，从而使蜂团中心的温度升高。巢温升高，则需多耗饲料，因此就会更增加腹中的积粪量，如果不及时促使越冬蜂出巢排泄，蜂群就会因消化不良而引起下痢病，缩短越冬蜂寿命。因此，在蜂群越冬末期，必须适时创造条件让越冬蜂飞翔排泄。

排泄后的越冬蜂群表现活跃，蜂王产卵量也显著提高。适当的提早排泄有利于蜜蜂群势的恢复，但不宜过早，以免造成春衰。越冬蜂排泄的时间选择，应根据各地的气候特点来确定。南方冬季气温较高，蜂群没有明显的越冬期，不存在促蜂排泄的问题。随着纬度的北移，春天气温回升推迟，蜂群排泄的时间也相应延迟。正常的蜂群在第一个蜜源出现前30d促蜂排泄最合适。对患有下痢病的越冬蜂群，促蜂排泄还应再提前20d，并且应在排泄后应立即紧脾使蜂群高度密集，一般3足框蜂只放1张巢脾。正常蜂群促蜂排泄的时间黄河中下游地区为1月下旬，内蒙古、华北地区为2月上、中旬，吉林长白山为3月上、中旬，黑龙江为3月中、下旬。

北方在越冬室越冬的蜂群，促飞排泄前应先将巢内的死蜂从巢门前掏出。选择向阳避风、温暖干燥的场地，清除放蜂场地及其周围的积雪。然后根据天气预报，选择阴处气温8℃以上、风力在2

级以下的晴暖天气，在上午 10：00 时以前将蜂群全部搬出越冬室。为了防止蜜蜂偏集，蜂群可 3 箱一组排列。搬出越冬室的蜂箱放置好以后，取下箱盖，让阳光晒暖蜂巢，20min 后再打开巢门。午后 15：00～16：00 时，气温开始下降前及时盖好箱盖。蜂群排泄后如果不搬回越冬室，需及时进行箱外保温包装，并在巢前用木板或厚纸板遮光，以防蜜蜂受光线刺激飞出箱外，再因气温低而冻僵。

室外越冬的蜂群适应性比较强。在外界气温超过 5℃，风力 2 级以下的晴朗天气，场地向阳、避风无积雪，即可撤去蜂箱上部和前部的保温物，使阳光直接照射巢门和箱壁，提高巢温促蜂排泄。长江中下游地区，在大寒前后可选择气温 8℃以上的无风雨的中午，打开蜂箱饲喂少量蜂蜜，促蜂出巢飞翔。

3. 箱外观察及蜂群检查 在越冬蜂排泄飞翔的同时，应在箱外注意观察越冬工蜂的出巢表现。

越冬顺利的蜂群，蜜蜂体色鲜艳，腹部较小，飞翔敏捷，排泄的粪便少，常为像高粱米粒般大小的一个点或像线头一样的细条。蜂群越强，飞出的蜂越多。

如果蜜蜂体色较淡，腹部膨大，行动迟缓，排泄的粪便多，像玉米粒大的一片，排泄在蜂箱附近，有的蜜蜂甚至就在巢门踏板上排泄，这表明蜂群因越冬饲料不良或受潮湿影响而患有下痢病。

如果蜜蜂从巢门爬出来后，在蜂箱上无秩序的乱爬。若养蜂者用耳朵贴近箱壁，可以听到箱内有混乱的声音，表明该蜂群有可能失王。

如果在绝大多数的蜂群已停止活动时，少数蜂群仍有蜜蜂不断地飞出或爬出巢门，发出不正常的嗡嗡声，同时发现部分蜜蜂在箱底蠕动，并有新的死蜂出现，且死蜂的吻伸长，则表明巢内严重缺蜜。

对于各种不正常蜂群，应及时做好标记，等大规模的飞翔排泄活动结束后，立刻进行检查。凡是失王或劣王蜂群应尽快直接诱王或直接合并；饥饿缺蜜的蜂群要立即补换蜜脾，若蜜脾结晶可在脾上喷洒温水。对于个别问题严重的蜂群采取急救措施后，还应在蜂群排泄后，天气晴暖时尽快地对全场蜂群进行一次快速检查，查明蜂群的储蜜、群势及蜂王等情况，以便及时地了解越冬后所有蜂群的概况。

4. 整理蜂巢，及时治螨

（1）适时开繁　蜂群经过排泄飞翔后，蜂王产卵量逐渐增多。但是蜂王过早地大量产卵，因外界气温低，携群为维持巢温付出的代价很高，而育子的效率则很低。巢内的饲料消耗完而外界还没有出现蜜粉源，就会出现巢内死亡的蜜蜂多于出房的新蜂。蜂群过早地开始育子，对养蜂生产并非有利，在一定的情况下，还需采取撤出保温、加大蜂路等降低巢温的方法限制蜂王产卵。

（2）调整蜂脾　蜂群紧脾时间多在第一个蜜粉源花期前20～30d。南方的转地蜂群经过北方越半冬休整后，可在1月初紧脾；在南方定地饲养的蜂群在1月底紧脾；江苏、安徽、山东、河南、河北、陕西关中等地的蜂群2月紧脾；内蒙古、吉林、辽宁等地的蜂群3月紧脾；黑龙江的蜂群4月初紧脾。

（3）整理蜂巢　应在晴暖无风的天气进行。先准备好用硫黄熏蒸消毒过的粉蜜脾和清理消毒过的蜂箱，用来依次换下越冬蜂箱，以减少疾病发生和控制蛾害。操作时将蜂群搬离原位，并在原箱位放上一个清理消毒过的空蜂箱，箱底撒上少许的升华硫，每框蜂用药量为0.5g，再放入适当数量的巢脾。将原箱巢脾提出，将蜜蜂抖入新蜂箱内的升华硫上，以消灭蜂体上的蜂螨。换下的蜂箱去除蜂箱内的死蜂、下痢、霉点等污物，用喷灯消毒后，再换给下一群蜜蜂。蜂群早春恢复期应蜂多于脾，越弱的蜂群紧脾的程度越高，1.5～2.5足框蜂放1张脾，2.5～3.5足框蜂放2张脾，3.5～4.5足框蜂放3张脾，4.5～5.5足框蜂放4张脾。蜂路均调整为9～10mm。2足框以下的较弱蜂群应双群同箱饲养。蜂群在早春高度密集，可以使蜂王产卵集中，有利于蜂群对幼虫的哺育饲喂和保温。早春紧脾饲养蜂脾少，巢脾质量以及巢脾中的饲料数量对蜂群的恢复和发展非常重要。紧脾时放入蜂群的第一批巢脾应选择培育过3～5脾虫蛹的褐色巢脾，且脾面完整、平整。只放一个巢脾的蜂群，脾上应存有蜂蜜800g，花粉0.25足框；蜂群中放两张巢脾，其中一张应是粉蜜脾，另一张为半蜜脾；放3个巢脾的蜂群，应有一张全蜜脾和两张粉蜜脾。

（4）及时治螨　蜂螨对西方蜜蜂危害极大，尤其是在发展后期更为明显。蜂群早春恢复初期是防治蜂螨的最好时机，必须在子脾封盖之前将蜂螨种群数量控制在较低的水平，保证蜂群顺利发展。为了增强蜜蜂抗药性，促使蜂螨接触药液，应对蜂群先奖励饲喂，然后用杀螨药剂均匀地喷洒在蜂体上。对于蜂群内少量的封盖子，要切割开房盖并用硫黄熏蒸，因为大量的越冬蜂螨多集中于封盖巢房内进行繁殖。由于全场蜂群开始育子的时间不一，个别蜂群封盖子可能较多。彻底治螨时无论封盖子有多少都不能保留，一律提出割盖熏蒸。

5. 加强蜂群保温　早春增长阶段比越冬停卵阶段更需注重蜂群保温。春季气温偏低，蜂王产卵后，因蜜蜂虫蛹发育的需要，工蜂常消耗大量的饲料产热以维持巢内育子区恒温。蜂群靠密集结团来维持巢温，但由于高度密集限制了产卵圈的扩大，使蜂群的增长迟缓。如果蜂群保温不良，则多耗糖饲料、缩短工蜂寿命、幼虫发育不良，特别是当寒流来临时，蜂团紧缩会冻死外围子脾上的蜂子。

（1）箱内保温　在适当地密集群势和缩小蜂路的同时，把巢脾放在蜂箱的中部，其中一侧用闸板封隔，另一侧用隔板隔开，闸板和隔板外侧均用保温物填充。为了避免隔板向内倾斜，可在蜂箱的前后内壁钉上两枚小钉。框梁上盖覆布，在覆布上再加盖3～4层报纸，把蜜蜂压在框间蜂路中。盖上铁纱副盖后再加保温垫。

（2）箱外保温　蜂箱的缝隙和气窗用报纸糊严。放蜂场地清除积雪后，选用无毒的塑料薄膜铺在地上，垫一层10～15cm厚的干稻草或谷草，各蜂箱紧靠成“一”字形排列放在干草上，蜂箱间的缝隙也用干草填满。蜂箱上覆盖草帘，最后用整块的塑料薄膜盖在蜂箱上。箱后的薄膜压在箱底，两侧需包住边上蜂箱的侧面。到了傍晚把塑料薄膜向前拉伸，覆盖住整个蜂箱。蜂箱前的塑料薄膜是否需要完全盖严，可根据蜂群的群势和夜间的气温等情况灵活掌握。夜间气温5℃以下时，可完全盖严不留气孔；夜间气温10℃以下薄膜内易形成小水滴，应注意及时晾晒箱内外的保温物。单箱排列的蜂群外包装，可把蜂箱四周以用干草编成的草帘捆扎严实，蜂箱前面应留出巢门，箱底也应垫上干草，箱顶用石块将草帘压住。

（3）双群同箱和联合饲养　2～2.5 足框的蜂群紧脾时只能放入一张巢脾，这样的蜂群可用双群同箱饲养来加强保温。在蜂箱的中部用闸板隔开，闸板两侧各放一张巢脾，各放入一群 2～2.5 足框的蜂群，分别开巢门出入，加强箱内外保温。

如果蜂场弱群很多，也可以把几个弱群合并为一群，只留一个蜂王产卵。其余的蜂王用王笼囚起来，悬吊在蜂巢中间，到适宜的时候再组织成双王群饲养。还可以用 24 框横卧式蜂箱隔成几个区，放入 3～4 个小蜂群，组成多群同箱，进行联合饲养。

（4）紧脾初期暂不保温　江南早春初期 2～4 足框的蜂群只放一张有粉蜜的巢脾，两侧不放隔板，也不保温。箱内巢脾蜂子已满的再加 1.5 张蜜脾，直到蜂群发展到 3～4 框子脾时再进行箱内保温。这种方法的特点是蜜蜂密集，子脾上的温度适宜，子脾外空间大、温度低，可减少蜜蜂因巢温过高而出巢冻死。

（5）蜂巢分区　勃利诺夫认为蜂巢中的蜜蜂只有内勤蜂和蜂子需要较高的巢温，外勤蜂长时间处于育子区的温度是有害的。为此他提出在早春把蜂巢划分成两部分，即供培育蜂子的暖区和储存饲料及外勤蜂栖息的冷区，中间用隔板分开。早春把蜂子限制在 3～4 个巢脾的暖区里，可使蜜蜂集中产热，充分地利用这些巢脾，增加培育蜂子的总数，并为幼蜂和外勤蜂创造不同的热量条件。

温馨提示

中蜂盗性较强，不宜采用蜂巢分区的方法。

（6）调节巢门和预防潮湿　春季昼夜温差大，及时调节巢门在保温上有重要的作用。上午巢门应逐渐放大，下午 15：00 以后逐渐缩小。巢门调节以保持工蜂出入不拥挤、不扇风为宜。

潮湿的箱体或保温物都容易导热，不利于保温，因此，春季蜂群的管理还应经常翻晒箱内外的保温物。

（7）蜂群全面检查　蜂群经过调整后，在天气稳定时，选择

14℃以上晴暖无风的天气，进行蜂群的全面检查，对全场蜂群详细摸底。蜂群的全面检查最好是在外界有蜜粉源时进行，以防发生盗蜂造成管理上的麻烦。全面检查应做详细的记录，及时填好蜂群检查记录表。此后应每隔12d左右定期检查一次，及时了解全场蜂群的恢复发展情况。在蜂群全面检查时，还应根据蜂群的群势增减巢脾，并清理巢脾框梁上和箱底的污物。

(8) 蜂群饲喂　保证巢内饲料充足，及时补充粉蜜饲料，避免因饲料不足对蜂群的恢复和发展造成影响。为了刺激蜂王产卵和工蜂哺育幼虫，蜂群度过恢复期后应连续奖励饲喂，促进蜂王产卵和工蜂育子。在饲喂操作中，须避免粉蜜压脾和防止盗蜂。为了减少蜜蜂低温采水冻僵巢外，应在蜂场饲水，并在饲水的同时，给蜂群提供矿物质盐类。

(9) 适时扩大产卵圈和加脾扩巢　春季适时加脾扩大产卵圈，是春季养蜂的关键技术之一。加脾扩巢过早，寒流侵袭，蜂团收缩，会冻死外圈子脾上的蜂子；加脾扩巢过迟，蜂王产卵受限，影响蜂群的增长速度。蜂群加脾扩巢可能影响蜂群保温。早春蜂群恢复期不加脾。

蜂群渡过恢复期后，群势开始缓慢上升。早期气温较低，群势偏弱，蜂群扩巢应慎重。初期扩巢可先用割蜜刀分期将子圈上面的蜜盖割开，并在割盖后的蜜房上喷少许温水，促蜂把子圈外围的储蜜消耗，扩大蜂王产卵圈。割蜜盖还能起到奖饲的作用。蜜压子脾还可将子脾上的蜂蜜取出来扩大产卵圈。外界粉源丰富，也会出现粉压子脾现象，要解决这个问题可在连续阴雨天把边粉脾放到隔板外侧，便蜂群集中消耗子脾上的储粉，扩大产卵圈。天晴后蜂群大量采粉时，再把隔板外侧的粉脾放回隔板内侧，供蜂群继续储粉。蜂王产卵常常偏集在巢脾的前部，可将子脾间隔的调头扩巢。蜂巢中脾间子房与蜜房相对，破坏了子圈完整，蜜蜂将子房相对的巢房中的储蜜清空，提供蜂王产卵，以促使子圈扩大到整个巢脾。子脾调头时应结合切除蜜盖，并应在蜂脾相称或蜂多于脾的情况下进行，避免低温季节调头扩大产卵圈后使蜂子受冻。还可将小子脾调到大子脾中间供蜂王产卵。

采取上述措施后，蜂子又满脾，就可以考虑加脾扩巢。蜂群加脾应同时具备三个条件：巢内所有巢脾的子圈已满，蜂王产卵受限；群势密集，加脾后仍能保证护脾能力；扩大产卵圈后蜂群哺育力足够。

初期空脾多加在子脾的外侧，万一加脾后寒流来袭，蜂团紧缩，冻伤蜂卵损失较小。气温稳定回升，蜜蜂群势较强，可将空脾直接插入蜂巢中间，有利于蜂王在此脾更快产卵。

蜂群春季管理的蜂脾关系一般为先紧后松，也就是早春蜂多于脾，随着外界气候的回暖，蜜源增多，群势壮大，蜂脾关系逐渐转向蜂脾相称，最后脾多于蜂。具体加脾还应根据当地的气候、蜜源以及蜂群等条件灵活掌握。巢内所有的巢脾子圈扩展到巢脾底部，封盖子开始出房，即可加脾。加脾时，应选择蜂场保存中最好的巢脾先加入蜂群。蜂群发展到5～7足框时，可加础造脾，淘汰旧脾。外界气候稳定，蜜粉源逐渐丰富，新蜂大量出房，则可加快加脾速度，但每个巢脾的平均蜂量至少应保持在50％以上。加脾时，应将过高的巢房适当地切割，保持巢房深度为10～12mm，以利于蜂王产卵。

当蜂群内的巢脾数量达到9张时，标志着蜂群进入幼蜂积累期，此时暂缓加脾，箱内的巢脾已能满足蜂王产卵的需要。蜂群逐渐密集到蜂脾相称时，再进行育王、分群、产浆、强弱互补和加继箱组织采蜜群等措施。全场蜂群都发展到满箱时，就需要叠加继箱来扩巢。单箱饲养的蜂群加继箱后，巢内空间突然增加一倍，在气温不稳定的季节，对蜂群保温不利，同时也增加了饲料消耗，但是，不加继箱则蜂巢拥挤容易促使蜂群产生分蜂热。可采取分批上继箱解决这一矛盾。先调整一部分蜂群上继箱，从巢箱中抽调4～5个新封盖子脾、幼虫脾和多余的粉蜜脾到继箱上，巢箱内再加入空脾或巢础框，供造脾和产卵。巢箱和继箱之间加平面隔王板，将蜂王限制在巢箱中产卵。再从暂不上继箱的蜂群中，带蜂抽调1～2张老熟封盖子脾加入邻近的继箱中。不上继箱的蜂群也加入空脾或巢础框供蜂王产卵。加继箱的蜂群巢箱和继箱的巢脾数应一致，均放在蜂箱中的同一侧，并根据气候条件在巢箱和继箱的隔板外侧加适量保温物。待蜜蜂群势再次发展起来后，从继箱强群中抽出老熟封盖子脾，帮助单箱群上继箱。

温馨提示

加继箱时，巢脾提入继箱谨防蜂王误提到继箱。加继箱后，子脾从巢箱提到相对无王的继箱，子脾上的卵或3日龄以内的小幼虫房常被改造成王台。改造王台培育出来的蜂王体型较小，容易通过隔王板进入巢箱，打死产卵王，所以，子脾从巢箱提入继箱之后，一定要在7～9d时进行一次彻底地检查，毁弃改造王台。

（10）蜂群强弱互补　为了促使产卵迟的蜂群尽快育子，可从已产卵的蜂群中抽出卵虫脾加入未产卵的蜂群，这既能充分利用未产卵蜂群的哺育力，又能刺激蜂王开始产卵。

早春气温低，弱群因保温和哺育能力不足，产卵圈扩大有限，宜将弱群的卵虫脾适当调整到强群，另调空脾让蜂王产卵。从较强蜂群中调整正在羽化出房的封盖子给弱群，以加强弱群的群势。强弱互补可减轻弱群的哺育负担，迅速加强弱群的群势，又可充分利用强群的哺育力，抑制强群分蜂热。春季蜂群发展阶段，尽可能保持8～10足框的最佳增长群势。蜜蜂群势低于8足框，不宜抽出封盖子脾补充弱群。

（11）尽早育王，及时分群　此方法对提高蜂王的产卵力、培养和维持强群、增加蜂群的数量、扩大养蜂生产规模、增加经济效益均有重要意义。

越冬后的蜂王多为前一年秋季，甚至是前一年春季增长阶段培育的，不及时换王可能影响蜜蜂群势的快速增长和维持强群。人工育王时间受气候影响各地有所不同，多在全场蜂群普遍发展到6～8足框时进行。提早育王至少需见到雄蜂出房。春季第一次育王时的蜜蜂群势普遍不强，为保证培育蜂王的质量和数量，人工育王应分 2～3 批进行。

春季增长阶段进行人工分群，应在保证采蜜群组织的前提下进行。根据蜜蜂群势和距离主要蜜源泌蜜的时间，相应采取单群平分、混合分群、组织主副群、补强交尾群和弱群等方法，增加蜂群数量。

(12) 控制分蜂热　春季蜂群增长阶段的中后期，群势迅速壮大，当蜂群达到一定的群势时，就会产生分蜂热。蜂群出现分蜂热既影响蜂群的发展，又影响生产，所以，在增长阶段中后期应注意采取措施，控制分蜂热。

第二节　流蜜阶段管理

蜂蜜是养蜂生产最主要的产品。蜂蜜生产受到主要蜜源花期和气候的严格控制，均在主要蜜源花期进行。一年四季主要蜜源的流蜜阶段有限，因此，适时大量地培养与大流蜜期相吻合的适龄采集蜂是蜂蜜高产所必需的。

一、流蜜阶段养蜂条件、管理目标和任务

1. 养蜂条件　流蜜阶段总体上气候适宜、蜜粉源丰富、蜜蜂群势强盛，是周年养蜂环境最好的阶段，但也常受到不良天气和其他不利因素的影响而使蜂蜜减产，如低温、阴雨、干旱、洪涝、大风、冰雹、大小年、病虫害以及农药危害等。流蜜阶段可分为初期、盛期和后期，不同时期养蜂条件的特点也有所不同。流蜜阶段初、盛期蜜蜂群势达到最高峰，蜂场普遍存在不同程度的分蜂热，天气闷热和泌蜜量不大时，常发生自然分蜂。流蜜阶段的中后期，因采进的蜂蜜挤占育子巢房，影响蜂王产卵，甚至人为限卵，巢内蜂子锐减。高强度的采集使工蜂老化，寿命缩短，群势大幅度下降。在流蜜阶段较长、几个主要蜜源花期连续或蜜源场地缺少花粉的情况下，蜜蜂群势下降的问题更突出。流蜜后期蜜蜂采集积极性和主要蜜源泌蜜减少或枯竭的矛盾，导致盗蜂严重，尤其在人为不

当采收蜂蜜的情况下，更加剧了盗蜂的程度。

2. 管理目标　流蜜阶段是养蜂生产最主要的收获季节，周年的养蜂效益主要在此阶段实现。一般养蜂生产注重追求蜂蜜等产品的高产稳产，把获得蜂蜜丰收作为养蜂最主要的目的，所以流蜜阶段的蜂群管理目标是，力求始终保持蜂群旺盛的采集能力和积极的工作状态，以获得蜂蜜等蜂产品的高产、稳产。

3. 管理任务　根据蜂群在蜂蜜生产阶段的管理目标和养蜂条件特点，该阶段的管理任务可确定为：组织和维持强群，控制蜂群分蜂热；中后期保持适当的群势，为流蜜阶段结束后的蜂群恢复和发展，或进行下一个流蜜阶段生产打下蜂群基础；此阶段是周年养蜂条件最好的季节，蜂群周年饲养管理中需要在强群条件和蜜粉源丰富的季节完成的工作，也应在此阶段进行，所以在采蜜的同时还需兼顾产浆、脱粉、育王等工作。

二、适龄采集蜂的培育

蜂蜜是由外勤工蜂采集的花蜜酿造而成的，外勤工蜂的数量决定了蜂蜜的产量。工蜂在蜂群中所担负的职责一般来说都是按照日龄分工的。据观察，适龄采集蜂多是羽化出房后，20日龄左右的工蜂。如果蜂群中幼蜂比例过大，即使蜜蜂的群势很强，但是由于采集蜂不足也很难获得蜂蜜高产。如果蜂群中适龄采集蜂的高峰期出现在流蜜阶段后，不但蜂蜜不能高产，而且还会多消耗蜂蜜。

适龄采集蜂是指采蜜能力最强日龄段的工蜂，但是适龄采集蜂的日龄范围还未进行深入研究。根据工蜂发育的日龄和担任外勤采集活动的工蜂日龄估计和猜测，培养适龄采集蜂应从主要蜜源花期开始前45d到结束前40d。在养蜂实践中，蜂群停卵在流蜜阶段结束前30d。推迟10d断子的理由是，流蜜阶段蜂群采蜜同样需要一定比例的内勤蜂。推迟10d停卵还有利于在流蜜阶段结束后，蜂群维持一定的群势。适龄采集蜂的培育技术应属蜂群增长阶段管理的范畴，可参考上一节有关内容。

三、培养和组织强大的采蜜群

蜂蜜高产的三个主要因素是蜜源、天气和蜂群。有大量适龄采集蜂的强群是蜂蜜高产所必需的。各国饲养的蜂种和饲养方式不同，流蜜阶段强群的标准也有所不同，美国、加拿大、澳大利亚等国家多采用多箱体养蜂，20足框以上为强群。每群10足框蜜蜂的意蜂2群，在主要蜜源花期的总采蜜量，远不如每群20足框的意蜂1群，虽然两者总的蜂量相同。一般强群单位群势的产蜜量比弱群高出30％～50％。强群调节巢内温度和湿度的能力强，有利于蜂蜜的浓缩和酿造，其生产的蜂蜜成熟快、质量好。群势强弱悬殊的蜂群，在流蜜量不大的流蜜阶段，很可能出现强群可以适当取蜜，而弱群却需补助饲喂的现象。这是因为强群投入外勤采集的工蜂比例大，而且强群培育的工蜂体大，采集力强，寿命长。因此，在主要蜜源花期之前必须要培养和组织强大的采蜜群。此外，在流蜜阶段中，还应采取维持强群的措施，以增强流蜜阶段中后期蜂群的采集后劲。

在养蜂生产中，由于种种原因很难做到在主要蜜源花期到来之前，全场的蜂群全部都能培养成强大的采蜜群，因此，我们应根据蜂群、蜜源等特点，采取不同的措施，组织成强大的采蜜群迎接流蜜阶段的到来。组织意蜂采蜜群，可以采取下述方法。

1. 加继箱 在大流蜜期开始前30d，将蜂数达8～9足框、子脾数达7～8框的单箱群添加第一继箱。从巢箱内提出2～3个带蜂的封盖子脾和2框蜜脾放大继箱。从巢箱提脾到继箱，应在巢箱中找到蜂王，以避免将蜂王误提入继箱。巢箱内加入2张空脾或巢础框供蜂王产卵。巢箱与继箱之间加隔王板，将蜂王限制在巢箱产卵。继箱上的子脾应集中在两蜜脾之间，外夹隔板，天气较冷还需进行箱内保温。提上继箱的子脾如有卵虫，应在第7～9天彻底检查一次，毁除改造王台以免处女王出台发生事故。其后，应视群势发展情况，陆续将封盖子脾调整到继箱，巢箱加入空脾或巢础框。这样的蜂群，如果蜂王产卵力强、蜜粉源条件好、管理措施得当，到主要流蜜阶段开始，就可以成为强大的采蜜群。

2. 蜂群调整 在蜂群增长阶段中后期，通过群势发展的预测分析，估计到流蜜阶段蜜蜂群势达不到采蜜群的要求，可根据距离主要蜜源花期的时间而采取调入卵虫脾、封盖子脾等措施。

主要蜜源花期前30d左右，可以从副群中抽出卵虫脾补充主群，这些卵虫脾经过12d的发育就开始陆续羽化出房，这些新蜂到流蜜阶段便可逐渐成为适龄采集蜂。补充卵虫脾的数量要与该群的哺育力和保温能力相适应，必要时可分批加大卵虫脾。

距离流蜜阶段20d左右，可以把副群或特强群中的封盖子脾补给近满箱的中等蜂群。补充的封盖子脾12d内可全部羽化出房，流蜜阶段开始后将逐渐成为适龄采集蜂。由于封盖子脾不需饲喂，所以只要做好保温，封盖子脾可一次补足。

流蜜阶段前10d左右，采蜜群的群势不足，可补充正在出房的老熟封盖子脾，3～4d内此封盖子大部分都羽化成幼蜂。这些蜜蜂虽然在流蜜初期只能加强内勤蜂酿造蜂蜜的力量，但可成为流蜜阶段中后期的采集主力。

3. 蜂群合并 距离流蜜阶段15～20d，可将两个中等群势的蜂群合并，组织成强大的采蜜群。合并时，应以蜂王质量好的一群作为采蜜群。将另一群的蜂王淘汰，所有蜜蜂和子脾均并入主群；也可以将蜂王连带1～2框卵虫脾和粉蜜脾带蜂提出，另组副群，其余的蜂脾并入采蜜群。

4. 补充采集蜂 流蜜阶段开始未达到采蜜群势的蜂群，或在流蜜中后期群势下降的采蜜群，在气候稳定的情况下，可以用外勤蜂加强采蜜主群的群势。流蜜阶段前，以新王或优良蜂王的强群为主群，另配一个副群放置在主群旁边。到流蜜阶段盛期，把副群移开，使副群的外勤采集蜂投入主群，然后主群按群势适当加脾，以此加强主群的采集力。移开的副群，因外勤蜂多数都投向主群，不会出现蜜压子脾现象，蜂王可以充分产卵，又因哺育蜂并没有削弱，所以不会影响蜂群的发展，这样可以为下一个蜜源或蜂群的越冬越夏创造良好的条件。

5. 其他方法 增长阶段用16框横卧式蜂箱双王群饲养，流蜜阶段前，淘汰一蜂王，或带王抽出另组小群。用框式隔王板将蜂王限制在6个脾的育子区。育子区保留卵虫脾、空脾和粉蜜脾。另一侧为10个脾的储蜜区。如果群势继续增强，可在储蜜区上叠加标准继箱，这样布置，储蜜区蜜蜂不须通过隔王板，检查育子区也不必搬动继箱。

罗马尼亚和保加利亚用副盖把主群和副群隔开在上、下两个箱体饲养，副盖的正面和侧面中部，各开上、下巢门，副群在上箱，平时仅让副群在正向上巢门出入。在流蜜阶段关闭原来的上巢门，同时开启同方向的下巢门，再另开侧向的上巢门，使副群的外勤采集蜂出巢采集后，集中到主群中，既有利于主群的采蜜，也有利于副群的增长。

中蜂采蜜群在能控制分蜂的前提下，培养和组织的群势越强，产蜜量越高，但是中蜂分蜂性强，不易维持强群，群势过强容易产生分蜂熟，因此，中蜂群势过强，蜂蜜产量不一定高。各地的中蜂所能维持的群势有所不同，南方的中蜂所能维持的群势比北方弱。一般来说，中蜂采蜜群在闽南4～5足框、闽北5～6足框、北方8～10足框为宜。

四、流蜜阶段的管理要点

流蜜阶段的管理应根据不同蜜源植物的泌蜜特点以及花期的气候和蜂群的状况，采取具体措施。其管理原则是：维持强群，控制分蜂热，保持蜂群旺盛的采集积极性；减轻巢内负担，加强采蜜力量，创造蜂群良好的采酿蜜环境；努力提高蜂蜜的质量和产量。此外，还应兼顾下一个阶段的蜂群管理。

1. 处理采蜜与蜂群发展的矛盾 蜜源花期群势下降很快，往往在流蜜阶段后期或流蜜结束时后继无蜂，直接影响下一个阶段的蜂群的恢复发展、生产或越夏越冬。如果流蜜阶段采取加强蜂群发展的措施，又会使蜂群中蜂子哺育负担过重，影响蜂蜜生产。在流蜜阶段，蜂群的发展和蜂蜜生产是一对矛盾，解决这一矛盾可采取主副群的组织和管理，即组织群势强的主群生产和群势较弱的副群恢复和发展。在流蜜阶段，一般用强群、新王群、单王群取蜜，用弱群、老王群、双王群恢复和发展。

2. 适当限王产卵 蜂王所产下的卵约需 40d 才能发育为适龄采集蜂。在一般的主要蜜源花期中培育的卵虫，对该蜜源的采集作用很小，而且还要消耗饲料，加重巢内工作的负担，影响蜂蜜产量，因此，应根据主要蜜源花期的长短及其前后的间隔来适当地控制蜂王产卵。

在短促而丰富的蜜源花期，距下一个主要蜜源花期或越夏越冬期还有一段时间，就可以用框式隔王板和平面隔王板将蜂王限制在巢箱中仅 2～3 张脾的小区内产卵，也可以用蜂王产卵控制器限制蜂王。如果主要蜜源花期长或距下一个主要蜜源花期时间很近，在进行蜂蜜生产的同时，还应为蜂王产卵提供条件，兼顾群势增长，或由副群中抽出封盖子脾，来加强主群的后继力量。长途转地的蜂群连续追花采蜜，则应边采蜜边育子，这样才能长期保持采蜜群的群势。

3. 断子取蜜 流蜜阶段的时间较短，但流蜜量大的蜜源，可在流蜜阶段开始前 5d 去除采蜜群蜂王，或带蜂提出 1～2 脾卵虫粉蜜和蜂王另组小群。第二天给去除蜂王的蜂群诱入一个成熟的王台。处女王出台、交尾、产卵需要 10d 左右。也可以采取囚王断子的方法，将蜂王关进囚王笼中，放在蜂群中。这样处理可在流蜜前中期减轻巢内的哺育负担，使蜂群集中采蜜，而流蜜后期或流蜜阶段后蜂王交尾成功，蜂群便有一个产卵力旺盛的新蜂王，有利于蜂群流蜜阶段后群势的恢复。断子期不宜过长，一般为 15～20d。断子期结束，在蜂王重新产卵后、子脾未封盖前治螨。

4. 抽出卵虫脾 流蜜阶段采蜜主群的卵虫脾过多，可将一部分的卵虫脾抽出放到副群中培育，还可根据情况同时从副群中抽出老熟封盖子脾补充给采蜜主群，以此增加蜂蜜的产量。

5. 诱导采蜜 流蜜阶段初期，可能会有一部分蜂群不投入主要蜜源的采集，仍然习惯性地采集零星蜜源，从而影响流蜜阶段初期的蜂蜜产量。可采取诱导的措施，尽早地促使蜂群积极地投入到主要蜜源的采集当中。当主要蜜源花期开始流蜜时，应及时地从先开始采集主要蜜源的蜂群中取出新采集的蜂蜜，奖励饲喂给还没有开始采集的蜂群。

6. 调整蜂路 流蜜阶段采蜜群的育子区蜂路仍保持8～10mm，储蜜区为了加强巢内通风、促使蜂蜜浓缩和使蜜脾巢房加高、多储蜂蜜、便于切割蜜盖，巢脾之间的蜂路应逐渐放宽到15mm，即每个继箱内只放8个巢脾。

7. 及时扩巢 流蜜阶段及时扩巢是蜂蜜生产的重要措施，尤其是在泌蜜丰富的蜜源花期。流蜜阶段蜂巢内的空巢脾能够刺激工蜂的采蜜积极性。及时扩巢，增加巢内储蜜空脾，保证工蜂有足够储蜜的位置是十分必要的。流蜜阶段采蜜群应及时加足储蜜空脾。若空脾储备不足，也可适当加入巢础框，但是在流蜜阶段造脾，会明显影响蜂蜜的产量。

扩大蜂巢应根据蜜源泌蜜量和蜂群的采蜜能力来增加继箱。采蜜群每天进蜜2kg，应7～8d加一个标准继箱；每天进蜜3kg，4～5d加一个标准继箱；每天进蜜5kg，2～3d加一个标准继箱。在一些养蜂发达的国家，很多养蜂者使用浅继箱储蜜。浅继箱的高度是标准继箱的1/2～2/3。浅继箱储蜜的特点是储蜜集中、蜂蜜成熟快、封盖快，尤其在流蜜后期能避免蜜源泌蜜突然中断时储蜜分散。浅继箱储蜜有利于机械化取蜜，割蜜盖相对容易；由于浅继箱体积小，储蜜后重量轻，可以减轻养蜂者的劳动强度。我国生产分离蜜的蜂场很少使用浅继箱，这与我国目前的养蜂生产方式有关。如果要严格区分育子区和储蜜区，只采收储蜜区成熟蜂蜜，提高蜂蜜产量，就需要使用浅继箱。

储蜜继箱的位置通常在育子巢箱的上面。根据蜜蜂储蜜向上的习性，当第一继箱已储蜜80%时，可在巢箱上增加第二继箱，当第二继箱的蜂蜜又储至80%时，第一继箱就可以脱蜂取蜜了，取出蜂蜜后再把此继箱加在巢箱之上。也可加第三、第四继箱，流蜜阶段结束再集中取蜜。空脾继箱应加在育子区的隔王板上。

8. 加强通风和遮阴 花蜜采集归巢后，工蜂在酿造蜂蜜的过程中需要使花蜜中的水分蒸发。为了加速蜂蜜浓缩成熟，应加强蜂箱内的通风，具体措施包括流蜜阶段将巢门开放到最大、揭去纱盖上的覆布、放大蜂路等，同时蜂箱放置的位置也应选择在阴凉通风处。

在夏秋季节的流蜜阶段应加强蜂群遮阴。阳光暴晒下的蜂群，中午箱盖下的温度常超过蜂巢的正常温度范围，许多工蜂不得不在巢门口或箱壁上扇风，加强采水，因而降低了采蜜出勤率，甚至蜂群采水降温所花费的时间，比采蜜所花费的时间更多。

9. 取蜜原则 流蜜阶段的取蜜原则应为初期早取、盛期取尽、后期稳取。流蜜阶段初期尽早取蜜能够刺激蜂群采蜜的积极性，也有利于抑制分蜂热；流蜜阶段盛期应及时全部取出储蜜区的成熟蜜，但是应适当保留育子区的储蜜，以防天气突然变化，出现蜂群拔子现象；流蜜阶段后期要稳取，不能将所有蜜脾都取尽，以防蜜源突然中断，造成巢内饲料不足和引发盗蜂。在越冬前的流蜜阶段还应储备足够的优质封盖蜜脾，以作为蜂群的越冬饲料。

10. 控制分蜂热 流蜜阶段初、盛期应控制分蜂热，以保持蜂群处于积极的工作状态。在流蜜阶段，应每隔5～7d全面检查一次育子区，一旦发现王台和台基就全部毁除。在流蜜阶段需要兼顾群势增长的蜂群，还需把育子区中被蜂蜜占满的巢脾提到储蜜区，在育子区另加空脾供蜂王产卵。

11. 防止盗蜂 流蜜阶段后期泌蜜量减少，而蜂群的采集冲动仍很强烈，使蜂群的盗性增强。因此，在流蜜后期应留足饲料、填塞继缝、缩小巢门、合并调整蜂群和无王群，还要减少开箱，慎重取蜜。

12. 花期前治病治螨 流蜜阶段不能在蜂箱中用各类药物治病治螨，应杜绝蜂蜜受抗生素及其他药物的污染。流蜜阶段前在蜂群中使用药物，在摇取商品蜂蜜前必须清空巢内储蜜，以防残留的药物混入商品蜂蜜中。

五、优质蜂蜜生产措施

蜂蜜之所以能成为世界性的营养食品，主要在于其天然性质及特有的芳香气味。优质蜂蜜除了应保持主要蜜源植物的花蜜芳香之外，还应有该蜜种特有的色泽，并且不得混有蜡屑等杂质、残留的抗生素和治蛾药物。单花蜜中不可混杂其他蜜种的蜂蜜。

1. 清除杂蜜 在流蜜阶段初期，蜂箱内总会存留一些饲料，而且蜜蜂也会采集辅助蜜源。将流蜜阶段前的巢内储蜜混入单花蜜中，就会降低单花蜜的纯度。在大流蜜期前4～5d全面清脾，把巢内所有储蜜区的储蜜取出单独存放，然后再开始生产单花蜜。

2. 浅色巢脾储蜜 用深色的旧巢脾储蜜，能使蜂蜜的色泽变深，尤其是含水量50%的花蜜，最容易吸收旧巢脾上的茧衣颜色，降低蜂蜜质量，这就要求在流蜜阶段前应修造足够的较新的巢脾以供储蜜之需。新脾能够保证蜂蜜色泽和气味纯正。

3. 取成熟蜜 优质成熟的蜂蜜浓度高，含水量应在18%左右，最多也不超过20%。成熟蜂蜜营养成分高，容易保存，而不成熟蜂蜜因含水量高容易发酵变质。最好能在蜜脾完全封盖时取蜜，但依我国现状较难做到。一般来说，若蜜脾上有1/3～2/3的蜜房封盖就可以取蜜。值得注意的是蜜源植物种类、地区、气候、蜜蜂群势不同，同样的封盖程度取出的蜂蜜浓度也不同。在大流蜜期，一般情况下洋槐、枣树2～3d取蜜一次，紫云英、椴树、荞麦3～4d取一次蜜，油菜、荆条、乌桕、薹条、向日葵4～6d取一次蜜，芝麻、棉花6～7d取一次蜜。取蜜间隔时间与地区、气候、蜂群等因素有关。北方的枣花蜜即使不封盖也能达到40°以上，而南方的芝麻、棉花蜜封盖后取出也只有38°左右。干旱的天气蜂蜜成熟快，取蜜时间可提前；多雨潮湿的天气蜂蜜成熟慢，取蜜时间应推迟。强群内蜂蜜成熟快，弱群内蜂蜜成熟慢。因此，在养蜂实际生产中，要根据蜜源、气候、蜂群状况灵活掌握取蜜时间，适时摇取成熟蜜。

4. 强群生产 优质蜂蜜最好利用强群生产。利用强群生产，不仅蜂蜜的含水量有保证，还可以避免带入过多的花粉。

第三节　南方蜂群夏秋停卵阶段管理

夏末秋初是我国南方各省周年养蜂最困难的阶段，越夏后一般蜂群的群势下降约50%。如果管理不善，此阶段易造成养蜂失败。

一、南方蜂群夏秋停卵阶段养蜂条件、管理目标和任务

1. 养蜂条件　我国南方气候炎热、粉蜜枯竭、敌害严重。南方夏秋养蜂困难最主要的原因是外界蜜粉源枯竭。蜂群的生存和发展必然要受外界蜜粉源条件和巢内饲料的影响。另外，许多依赖粉蜜为食的胡蜂，在此阶段由于粉蜜源不足而转向危害蜜蜂。江浙一带6～8月、闽粤地区7～9月，天气长时间持续高温，外界蜜粉缺乏，敌害猖獗，蜂群减少活动，蜂王产卵减少，甚至停卵。新蜂出房少，老蜂的比例逐渐增大，群势也逐日下降。由于群势小，调节巢温能力弱，常常巢温过高，致使卵虫发育不良，造成蜂卵干枯，虫蛹死亡，幼蜂卷翅。

2. 管理目标　减少蜂群的消耗，保持蜂群的有生力量，为秋季蜂群的恢复和发展打下良好的基础。

3. 管理任务　创造良好的越夏条件，减少对蜂群的干扰，防除敌害。蜂群所需要的越夏条件包括蜂群阴凉、巢内粉蜜充足和保证饲水。减少干扰就是将蜂群放置在安静的场所，减小开箱。防除敌害的重点主要是胡蜂，越夏蜂场应采取有效措施防止胡蜂的危害。

二、南方蜂群夏秋停卵阶段准备工作

为了使蜂群安全地越夏度秋，在蜂群进入夏秋停卵阶段之前，必须做好补充饲料、更换蜂王、调整群势等准备工作。

1. 补充饲料　夏秋停卵阶段长达两个多月，外界又缺乏蜜粉源，故该阶段饲料消耗量较大。如果此阶段群内饲料不足，就会促

使蜂群出巢活动，加速蜂群的生命消耗，严重缺蜜还会发生整群饿死的危险。在停卵阶段饲喂蜂群，刺激蜜蜂出巢活动，易引起盗蜂。所以，在夏秋停卵阶段前的最后一个蜜源，应给蜂群留足饲料。最好再储备一些成熟蜜脾，以备夏秋季节个别蜂群缺蜜时直接补加。据测定，一个2.5框放4张脾的中蜂群，在夏秋停卵阶段每日耗蜜50g左右。一个蜂群应备有3～5张封盖蜜脾，如果巢内储蜜不足，就应及时进行补充饲料。

2. 更换蜂王 南方蜂群中的蜂王全年很少停卵，因此产卵力衰退比较快。为了越夏后蜜蜂群势正常恢复和发展，应在夏秋停卵阶段之前，培育一批优质蜂王，淘汰产卵力开始衰退的老、劣蜂王。

3. 调整群势 南方夏秋季的蜂群，在蜜粉源不足的地区，群势过强会因外界蜜源不足而消耗增大，群势过弱又不利于巢温的调节和抵御敌害，所以在夏秋停卵阶段前，应对蜂群进行适当调整，及时合并弱小蜂群。调整群势应根据当地的气候、蜜粉源条件和饲养管理水平而定。一般在蜜粉源缺乏的地区，以3足框的群势越夏比较合适。如果山区或海滨有辅助粉蜜源，可组成6～7框的群势进行饲养。

4. 防治蜂螨 南方夏季由于群势下降，蜂群的蜂螨寄生率上升，使蜂群遭受螨害严重。对于早春治螨不彻底，螨害比较严重的蜂群，可在越夏前采取集中封盖子脾用硫黄熏蒸的方法治螨。

三、蜂群夏秋停卵阶段管理要点

1. 选场转地 在蜜粉源缺乏、敌害多、炎热干燥的地区，或夏秋经常喷施农药的地方，应选择敌害较少、有一定蜜粉源和良好水源的地方作为蜂群越夏度秋的场所。华南地区蜂群越夏的经验是海滨越夏和山林越夏。

夏季海滨温湿度适宜且海风凉爽，有利于蜂群散热，胡蜂等敌害也较少，因此把蜂群转运到海滨种有芝麻、瓜类等的场地放蜂，有利于蜜蜂群势的维持和发展。

海拔升高，气温降低，夏秋季节高山密林的气温明显低于低海拔的平原，而且又有零星蜜粉源，有利于蜂群的夏秋发展。闽粤等地的中蜂场，多数都深入山林越夏，保存实力，但山区的胡蜂很多，应特别注意采取措施，防止胡蜂为害。

2. 通风遮阴 夏末秋初，切忌将蜂箱露置在阳光下暴晒，尤其是在高温的午后，否则，轻者迫使工蜂剧烈扇风及大量采水，消耗大量的能量，使储蜜短期耗尽，重者造成卵虫蛹死亡，甚至使巢脾熔坠。因此，蜂群应放置在通风良好、阴凉开阔、排水良好的地面，如果没有天然林木遮阴，还应在蜂箱上搭盖凉棚。为了加强巢内通风，脾间蜂路应适当放宽。

3. 调节巢门 为了防止敌害侵入，巢门的高度最好控制在7～8mm，必要时还可以加几根铁钉。巢门的宽度则应根据蜂群的群势而定，一般情况下，每框蜂巢门放宽15mm为宜。如果发现工蜂在巢门剧烈扇风，还应将巢门酌量开大。

温馨提示

有人认为，夏秋季节打开巢箱前后壁的纱窗，有利于蜂群通风散热，这种做法并不符合蜂群的生活习性。打开蜂箱纱窗还会影响巢内温湿度的调节，并易引起盗蜂，工蜂也常用蜂胶、蜂蜡等将纱窗堵塞。

4. 降温增湿 高温季节蜂群调节巢温，主要依靠巢内的水分蒸发吸收热量使巢温降低。蜂群在夏秋高温季节对水的需求量很大，如果蜂群放置在无清洁水源的地方，就需要对蜂群进行饲水。此外，还需在蜂箱周围、箱壁洒水降温。夏秋季节巢内饲水，可将空脾灌好水之后，加在隔板外侧，每3～4d灌一次水，或在巢内饲喂器中装满清水，也可以在纱盖上放1～2块浸透清水的干净麻袋布。当外界气温在33～37℃时，每天在9：00和15：00，将麻袋布各浸湿一次，如果外界气温高达37℃以上，则每天应将纱盖上的麻袋片浸透3次，即在午后13：00增加一次。

5. 保持安静，防止盗蜂 将蜂群放置于比较安静的场所，避免周围嘈杂、震动和烟雾，尽量减少开箱。夏秋季开箱会扰乱蜂群的安宁，也会影响蜂群巢内的温湿度，并且还易引起盗蜂。南方大多数地区，夏末秋初都缺乏蜜粉源，所以，这阶段也是容易发生盗蜂。正常情况下蜂群越夏度秋都有困难，如果再发生盗蜂就更危险了，所以，在蜂群夏秋停卵阶段的管理中，必须采取措施严防盗蜂。

6. 补充饲喂 蜂群在越夏度秋期间，巢内饲料不足，应及时进行补充饲料。为了避免刺激蜜蜂出巢活动和引起盗蜂，最好给蜂群补加储备的成熟封盖蜜脾。如果蜜脾储备不足，就要补充高浓度的糖液。在饲喂糖液时，应注意在傍晚蜂群不活动时进行，并且不能将糖液滴在箱外和蜂场周围，以防止发生盗蜂。

温馨提示

此时补充饲喂还应特别注意，一定要在短时间内补足，不能造成奖励饲喂的效果。

7. 防治病敌害 蜂群夏秋停卵阶段气温高，比较适合一些敌害生活，而此时蜂群的群势下降，抵抗力削弱，因此就容易遭受病敌害的危害。此阶段蜂群的主要病敌害有卵干枯、卷翅病、蜂蛾、胡蜂、巢虫、蟾蜍等。

蜜蜂的卵干枯和幼蜂的卷翅病主要是因巢温过高引起的。高温季节蜂王产卵，工蜂无力调节巢内温度，就会使卵虫蛹发育不良。同时因蜜蜂无效劳动过多，过早劳损，致使加速蜂群的群势下降。预防蜂卵干枯和卷翅病，除了积极采取降低巢温的措施之外，还应适当控制蜂王产卵。

胡蜂危害严重的地区，应采取防除胡蜂危害的措施，预防造成蜂群的惨重损失。防除胡蜂可在巢门前安装防护片等保护性装置，防止胡蜂侵入蜂箱，还应经常在蜂场巡视，及时捕杀来犯胡蜂。

防治蟾蜍等敌害，可将蜂箱垫高 300～400mm，避免蟾蜍等敌害爬到巢口或直接进入箱内。此外，还应在夜晚巡视蜂箱前，捕捉逐出。

四、蜂群夏秋停卵阶段后期管理

蜂群度过秋季的恢复阶段，完成蜜蜂的更新以后，才能真正算作蜂群安全越夏。蜂群夏秋停卵阶段的后期管理，实际上就是蜂群秋季增长阶段的恢复期管理，越夏失败的蜜蜂多在此时灭亡。

1. 紧缩巢脾，恢复蜂路 夏秋停卵阶段后期，应对蜂群进行一次全面检查，并随群势下降抽出余脾，使蜂群相对密集，同时将原来稍放宽的蜂路恢复正常。

2. 喂足糖饲料，补充花粉 9月天气开始转凉、外界有零星粉蜜源、蜂王又恢复正常产卵时，应及时喂足糖饲料。如果巢内花粉不足，最好能补给储存的花粉或代用花粉，以加速蜂王产卵。

3. 中蜂防迁飞 在夏秋停卵阶段后期，中蜂最容易迁飞，这是因为长时间缺乏蜜源，巢内储蜜甚少的缘故。群内无子的蜂群，当外界出现蜜粉源植物开花，就易发生迁飞。受到病敌害侵袭也会发生迁飞。因此，饲养中蜂在此时期应及时了解蜂群情况，处理出现的问题，做到蜜足、密集、防病敌、合并弱群、促王产卵以及防止蜂群的迁飞。

第四节　秋季管理

南方有些地区冬季仍有主要蜜源植物开花泌蜜，如鹅掌柴、野坝子、枇杷等。如果蜂群准备采集这些冬季蜜源，秋季就应抓紧恢复和发展蜜蜂群势，培养适龄采集蜂，为采集冬蜜做好准备。蜂群的管理要点可参考蜂群春季增长阶段的管理方法。

在我国北方，冬季气候严寒，蜂群需要在巢内度过漫长的冬季。蜂群越冬是否顺利，将直接影响来年的春季蜂群的恢复发展和流蜜阶段的生产，而秋季蜂群的越冬前准备又是蜂群越冬的基础，所以，北方秋季蜂群越冬前的准备工作对蜂群安全越冬至关重要。下面以北方秋季蜂群的管理进行介绍。

一、养蜂条件、管理目标和任务

1. 养蜂条件 北方秋季的养蜂条件的变化趋势与春季相反，随着临近冬季养蜂条件越来越差。气温逐渐转冷，昼夜温差增大。蜜粉源越来越稀少，盗蜂比较严重。蜂王产卵和蜜蜂群势也呈下降趋势。

2. 管理目标 培育大量健壮、保持生理青春的适龄越冬蜂和储备充足优质的越冬饲料，为蜂群安全越冬创造必要的条件。

3. 管理任务 主要有两点，即培育适龄越冬蜂和储足越冬饲料。适龄越冬蜂是北方秋季培育的，未经参加哺育和高强度采集工作，又经充分排泄，能够保持生理青春的健康工蜂。在此阶段的前期更换新王，促进蜂王产卵和工蜂育子，加强巢内保温，培育大量的适龄越冬蜂。后期应采取措施适时断子和减少蜂群活动等以保持蜂群实力。此外，在适龄越冬蜂的培育前后还需狠治蜂蛾，在培育越冬蜂期间还需防病、储备越冬饲料。

二、适龄越冬蜂的培育

只有适龄越冬蜂才能度过北方严寒而又漫长的冬天，凡是参加过采集、哺育和酿蜜工作，或出房后没有机会充分排泄的工蜂，都无法安全越冬。培育适龄越冬蜂既不能过早，也不能过迟。过早，培育出来的新蜂将会参加采酿蜂蜜和哺育工作；过迟，培育的越冬蜂数量不足，甚至最后一批的越冬蜂来不及出巢排泄。因此，在有限的越冬蜂培育时间内，要集中培养出大量的适龄越冬蜂，就需要有产卵力旺盛的蜂王和采取一系列的管理措施。

适龄越冬蜂的培育主要分为两大部分，越冬准备阶段的前期工作重点是促进适龄越冬蜂的培育，越冬准备阶段后期的工作重点是适时停卵断子。

1. 蜂群准备 秋季越冬准备阶段的前期工作围绕着促进蜂王产卵、提供充足的营养、创造适宜的巢温、培育大量健康工蜂等工作进行。

（1）更换蜂王　为了大量集中地培育适龄越冬蜂，就应在初秋培育出一批优质的蜂王，以淘汰产卵力开始下降的老蜂王。即使有的老蜂王产卵力还可以，但是往往到了第二年的春季其产卵力也会下降。在新王充足的情况下，这样的老王也应淘汰。更换蜂王之前，应对全场蜂群中的蜂王进行一次鉴定，以便分批更换。被淘汰的老蜂王还应充分利用它们的产卵力，可带蜂 3～4 张脾一起提出另组小群，继续培育越冬蜂。带蜂提走老蜂王的原群，诱入一个新蜂王。当越冬蜂的培育结束后，就可将老蜂王去除，把小群的蜜蜂合并到群势较弱的越冬蜂群中。

（2）时间选择　我国各地气候和蜜源不同，适龄越冬蜂培育的起止时间也不同。越冬蜂培育起止时间东北和西北为 8 月中、下旬至 9 月中旬，华北为 9 月上旬至 9 月末或 10 月初。一般来说，纬度越高的地区培育越冬蜂的起止时间就越提前。确定培育越冬蜂起止时间的原则是在保证越冬蜂不参加哺育和采集酿蜜工作的前提下，培育的起始时间越早越好，一般为停卵前 25～30d 开始大量培育越冬蜂。截止时间应在保证最后一批工蜂羽化出房后能够安全出巢排泄的前提下越迟越好，也就是说应该在蜜蜂能够出巢飞翔的最后日期之前 30d 左右采取停卵断子措施。

（3）选择场地　粉源丰富的条件下，蜂群的产卵力和哺育力强。尤其是秋季越冬蜂的培育要求在短时间内完成，就更需要良好的蜜粉源条件。培育适龄越冬蜂，粉源比蜜源更重要。如果在越冬蜂培育期间蜜多粉少就应果断地放弃采蜜，将蜂群转到粉源丰富的场地进行饲养。例如向日葵花期，前期蜜粉丰富适合生产和培育蜂子，但是到了后期则花粉减少影响越冬蜂的培育，所以应该放弃向日葵蜜源的末花期，及时将蜂群转到粉源充足的场地。

（4）保证巢内粉蜜充足　个体发育的健康程度与饲料营养关系十分密切。在巢内粉蜜充足的条件下，蜂群培育的工蜂数量多、发育好、抗逆力强、寿命长。北方秋季一般养蜂场地都有不同程度的蜜粉源，如果过度地取蜜脱粉，就会人为地造成巢内蜜粉不足，导致越冬蜂的质量和数量明显下降，影响蜂群的安全越冬。

(5) 扩大产卵圈　虽然适当地造成蜜粉压脾有利于越冬蜂的发育、但是若产卵圈受储蜜压缩严重，影响蜂群发展，就应及时把子脾上的封盖蜜切开扩大卵圈。此阶段一般不宜加脾扩巢。

(6) 奖励饲喂　奖励饲喂在任何时候都是促进蜂群快速增长的有效手段。培育适龄越冬蜂应结合越冬饲料的储备连续对蜂群奖励饲喂，以促进蜂王积极产卵。奖励饲喂应在夜间进行，严防盗蜂发生。

(7) 适当密集群势　秋季气温逐渐下降，蜂群也因常采集秋蜜而群势逐渐衰弱，为了保证蜂群的护脾能力，应逐步提出余脾，使蜂脾相称，同时将蜂路缩小到 9～10mm。

(8) 适当保温　北方的昼夜温差很大，中午热晚上冷，为了保证蜂群巢内育子所需要的正常温度，应及时做好蜂群的保温工作。副盖上和箱底加保温物，盖严覆布，并在覆布上加 3～4 层报纸，糊严并堵塞箱缝。箱盖上最好加盖草帘，中午可以遮阴，晚上又可以保温。早晚应把巢门适当缩小，中午开大，必要时还需采取巢内空处填塞保温物和箱外覆盖塑料薄膜等保温措施。

2. 适时停卵断子　北方秋季最后一个蜜源结束后，气温开始下降，蜂王产卵减少，子圈逐渐缩小，此时就应及时地停卵断子，否则，蜂群就需要消耗大量的饲料来维持子脾发育所需的巢温。哺育蜂的王浆腺继续发育，分泌的王浆只能培育少量的幼虫，从而促使大批的越冬工蜂参与哺育工作，使这些工蜂新陈代谢增强、寿命缩短，导致其在越冬期间就死亡，影响蜂群安全越冬。此外，过迟培育的工蜂由于外界气温降低，无法进行排泄飞行，也不能安全越冬。在外界蜜源泌蜜结束，巢内子脾最多或蜂王产卵刚开始下降时，就应果断地采取措施使蜂王停卵。停卵断子的主要方法是限王产卵和降低巢温。

(1) 限王产卵　限王产卵是断子的有效手段。用框式隔王板把蜂王限制在 1～2 框蜜粉脾上或用王笼囚王。应注意在囚王断子后 7～9d 彻底检查并毁弃改造王台。如果不及时毁除改造王台，处女王出台就可能出现，所囚王遭受蜂群遗弃，或者所囚蜂王释放后被处女王打死等事故。囚王期间，应继续保持稳定的巢温，以满足最后一批适龄越冬蜂发育的需要。

（2）降低巢温　囚王 20～21d 后，封盖子基本全部出房，可释放蜂王，通过降低巢温的手段限制蜂王再产卵。蜂王长期关在王笼中对蜂王有害。降低巢温可采取扩大蜂路到 15～20mm、撤除内外保温物、晚上开大巢门、将蜂群迁到阴冷的地方、巢门转向朝向北面等措施，迫使蜂王自然停卵。

温馨提示

应注意采取降低巢温措施应在最后一批蜂子全部出房以后。

断子后，中午外界气温升高，蜜蜂频繁地出巢活动。为了阻止蜂群的巢外活动，减少消耗，除了采取降低温度的方法之外，还应在巢门前遮阴。同时应尽量减少不必要的开箱检查，以防过度干扰惊动蜂群，增加蜜蜂的活动量。待外界气温下降到蜂群活动的临界温度以下，并趋于稳定，蜂群初步形成冬团时，再把蜂群搬到向阳处，采取越冬管理措施。

三、储备越冬饲料

越冬期间，蜜蜂长期不能出巢活动，整个越冬阶段蜜蜂代谢所产生的粪便都储存积累在后肠的直肠中，直到第二年春天才能出巢排泄。如果越冬饲料质量差，蜂群越冬时蜜蜂产生的粪便就多，蜜蜂直肠受其粪便膨胀的压力刺激，便结团不安定，往往因提早出巢排泄而冻死巢外。越冬蜂体内粪便过多还容易引起蜜蜂消化道疾病，出现下痢造成蜜蜂死亡。因此，在秋季为蜜蜂储备优质充足的越冬饲料，保证蜂群安全越冬是蜂群越冬准备阶段管理的重要任务之一。

1. 选留优质蜜粉脾　优质蜂蜜是蜜蜂最理想的越冬饲料。在秋季主要蜜源花期中，应分批提出不易结晶、无甘露蜜的封盖蜜脾，并作为蜂群的越冬饲料妥善保存。选留越冬饲料的蜜脾时，应挑选脾面平整、雄蜂房少、并培育过几批虫蛹的浅褐色优质巢脾，放入储蜜区中让蜜蜂储满蜂蜜。此脾越冬前加入蜂群内，待第二年春天蜜蜂将脾上的储蜜耗空，正好可提供蜂王产卵。脾中蜂蜜储满后放到储蜜区巢脾外侧，促使蜜脾及时封盖。如果此蜜脾直接在越冬前加入蜂群，并供早春第一批产卵，应在调到巢脾外侧之后，与相邻巢脾保持8～9mm，以防蜜房加高而不利于蜂王春季产卵；如果此脾用于早春补助蜂群，就可将其与相邻巢脾的距离适当加大，使蜜房加高而多储蜂虱，早春加入蜂群前将此脾蜜盖和巢房高出的部分割除。当此脾越冬饲料储满封盖后提出集中保存，并注意在保存期间严防盗蜂、鼠害和巢虫危害。同时蜂群中补进空脾继续储蜜。

一个储满并封盖的蜜脾，有2～2.5kg蜂蜜。蜂群越冬需要的蜜脾数量应根据越冬期的长短和蜜蜂群势决定。东北和西北地区，每足框越冬蜂平均需要2.5～3.5kg的蜂蜜；华北地区每足框越冬蜂平均需要2～3kg的蜂蜜；准备转地到南方发展的蜂群，可适当少留越冬饲料，平均每足框蜂需要留1～1.5kg的蜂蜜。此外，还应再保留一些半蜜脾和分离蜜，以备急需。

温馨提示

必须注意，所有的蜂群越冬饲料都不能含有甘露蜜。蜜蜂食用含有甘露蜜的饲料，在越冬期就会引起下痢死亡，导致蜂群越冬失败。倘若蜂巢中的越冬饲料混有蜜蜂采集的甘露蜜，则必须将巢内储蜜全部摇出，另外补充优质饲料。

除了选留蜜脾之外，在粉源丰富的地区，还应选留部分粉脾，以用于来年早春蜜蜂群势的恢复和发展。在北方饲养的蜂群，每群最好能储备2张以上的粉脾。在南方饲养的蜂群，每群也应保留1张粉脾。

2. 补充越冬饲料　越冬蜂群巢内的饲料一定要充足。宁可到春季第一次检查调整蜂群时，抽出多余的蜜脾，也不能使巢内储蜜不足。蜂群越冬饲料的储备，应尽量在流蜜阶段内完成。如果秋季最后一个流蜜阶段越冬饲料的储备仍然不够，就应及时用优质的蜂蜜或白砂糖补充。给蜂群补充饲喂越冬饲料会影响越冬蜂的健康和寿命，因为补充饲料之后，蜜蜂对这些饲料需进行搬运、转化酿造，蜜蜂的唾腺也必须充分发育，分泌大量的唾液，这就增加了蜜蜂的劳动强度，加速了蜜蜂衰老。补充越冬饲料应在蜂王停卵前完成。

补充越冬饲料最好是优质、成熟、不结晶的蜂蜜，蜜和水按10：1的比例混合均匀后补充饲喂给蜂群。没有蜂蜜也可用优质的白砂糖代替。绝对不能用甘露蜜、发酵蜜、来路不明的蜂蜜以及散包白砂糖、饴糖、红糖等作为越冬饲料。

四、病敌害的防治

要保证蜂群安全越冬和早春顺利渡过恢复期，就需要在此阶段培育出健壮的适龄越冬蜂，但在其发育过程中，要防止病敌的危害。此阶段蜜蜂的主要病敌害有幼虫病、孢子病和蜂螨。

1. 幼虫病和孢子虫病的防治 蜂群发生幼虫病可结合奖饲糖浆，用抗生素类药物进行治疗，患孢子虫病的成蜂则需饲喂烟曲霉素或磺胺类药物治疗。

2. 防治蜂螨 患有螨害的蜂群，在秋季蜂群子脾减少时，蜂蛹的寄生率则上升。大量的蜂蛹集中危害最后一批蜂蛹，致使这批宝贵的适龄越冬蜂体质下降，不能正常越冬，所以一定要在适龄越冬蜂的培育之前彻底断子治蛹。为了保证蜂群越冬后顺利发展，在封盖子全部出房时，还应再次进行一次彻底治螨。

五、严防盗蜂

北方秋季往往是盗蜂发生最严重的季节。一旦发生盗蜂，一般的止盗方法都难以奏效，转地是止盗最有效的措施，但是往往难以找到蜜粉源理想的放蜂场地，且转地运输将增加养蜂成本。盗蜂对蜂群培育适龄越冬蜂危害极大。盗蜂蜂群饲料消耗增加，作盗群和被盗群的工蜂加速衰老、寿命缩短、蜂群凶暴不便管理。如果此阶段发生盗蜂，处理不当就更会使养蜂失败。

六、巢脾的清理和保存

秋季蜜蜂的群势逐渐下降。在蜂群管理中，此阶段应保证蜂脾相称，及时抽出多余的巢脾。抽出的巢脾包括空脾、蜜脾、粉脾，这些巢脾对第二年蜂群的恢复和发展非常重要，应及时地进行分类、清理、淘汰旧脾和熏蒸保存。

第五节　冬季管理

蜂群越冬停卵阶段是指长江中、下游及以北地区，冬季气候寒冷，工蜂停止巢外活动，蜂王停止产卵，蜂群处于半蛰伏状态的养蜂管理阶段。我国北方气候严寒且冬季漫长，如果管理措施不得当，就会使蜂群死亡，致使第二年养蜂生产无法正常进行。

我国各地的蜂群越冬环境和越冬期长短不同。我们在蜂群的越冬管理上，应根据各地的越冬环境，采取相应越冬措施。蜂群安全越冬的首要条件就是要有适龄的越冬蜂和储备充足的优质饲料，这两项工作必须在秋季越冬前完成。蜂群的越冬停卵阶段的主要工作是保持蜂群越冬的适宜温度和加强蜂群通风。不熟悉蜂群越冬规律的人，往往认为越冬失败是由于温度低造成的，实际上，越冬失败的主要原因除了没有足够的越冬饲料和适龄越冬蜂之外，多是保温过度使蜂群伤热和巢内空气不流通、湿度过大、巢内储蜜稀释发酵等造成的。

一、蜂群越冬停卵阶段养蜂条件、管理目标和任务

1. 养蜂条件　冬季我国南北方的气温差别非常大，蜜蜂越冬的环境条件也不同。东北、西北、华北广大地区冬季天气寒冷而漫长，东北和西北气温常在—30～—20℃，越冬期长达 5～6 个月。在越冬期蜜蜂完全停止了巢外活动，在巢内团集越冬。

长江和黄河流域冬季时有回暖，常导致蜜蜂出巢活动。越冬期蜜蜂频繁出巢活动，会增加蜂群消耗，使越冬蜂寿命缩短，甚至将早晚出巢活动的蜜蜂冻僵巢外，使群势下降。

2. 管理目标 根据蜂群越冬停卵阶段的养蜂环境特点，此阶段的蜂群管理目标确定为保持越冬蜂的健康和生理青春，减少蜜蜂死亡，为春季蜂群恢复和发展创造条件。

3. 管理任务 蜂群越冬停卵阶段管理的主要任务是提供蜂群适当的低温、适宜的温度和良好的通风条件；提供充足的优质饲料以及黑暗安静的环境，避免干扰蜂群；尽一切努力减少蜂群的活动和消耗，保持越冬蜂生理青春进入春季增长阶段。

二、越冬蜂群生物学特性

蜜蜂是变温动物，体温随着环境温度的变化而变化。蜜蜂体内脂肪的含量一般只有5.0%～10.7%，与耐寒动物体内所含脂肪16%～56%相差甚远。蜜蜂个体处于低温中，很快就会冻僵死亡，但是蜜蜂的群体抗寒能力却很强。苏联的塔兰诺夫实验证明，饲料充足的强群，在不加任何保温物的铁纱笼中，可能安全渡过极温达－40℃的冬季，并能在春季正常恢复和发展。

在蜜蜂活动季节，蜂群在巢内处于松散状态。当气温下降时，蜜蜂逐渐开始聚集成团。蜂群温度下降到14℃时蜜蜂结团比较明显。蜂团外缘表层形成厚度为25～75mm不等的外壳，蜜蜂体壁和绒毛形成了蜂团的绝热体，减少蜂团热量散失。蜂群越冬停卵阶段巢内无子脾，蜂团中心温度变化介于14～32℃之间，蜂团表面维持在6～8℃。当蜂团中心温度下降到14℃时蜜蜂便集体加强代谢耗蜜产热，使蜂团的中心温度上升，达到24～32℃时蜜蜂停止产热，并吸食蜂蜜。越冬蜂团外壳虽然紧密，内部却比较松散，并且蜂团的下部和上部厚度较薄，有利于空气在蜂团内部流通。越冬蜂团的紧缩程度与外界气温有关，天气越冷，蜂团收缩得越紧。正常情况下，蜂团处于7℃的环境下，耗蜜最少。蜜蜂低温下结团的紧密程度还与光亮度有关。在恒定低温的条件下，光线可使蜂团相对松散，而由于松散的蜂团散热较快，就需要消耗更多能量来维持蜂团外表的一定温度。因此，越冬蜂团受光线刺激能增加储蜜的消耗，这对蜂群越冬管理具有指导意义。

在蜂箱中结团部位由巢门位置、外部热源和饲料位置等条件决定。巢门是新鲜空气的入口所以蜂团多靠近巢门，强群比弱群更靠近巢门。室外蜂群的越冬蜂团一般靠近受阳光照射的一面。双群同箱饲养的蜂群，越冬蜂团出现在闸板两侧。蜜蜂最初结团常在蜂巢的中下部，随着饲料的消耗，蜂团逐渐向巢脾上方有储蜜的地方移动。当巢脾上方的储蜜消耗空后，就向邻近的蜜脾移动。蜂团移动时，必须增加耗蜜使蜂团外壳温度升高，一旦蜂团接触不到储蜜，就会有饿死的危险。蜂团有时也会因同时向两侧蜜脾移动而形成两个小蜂团，由于蜂团太小，就要消耗更多的蜂蜜来维持热量平衡，因此加速了蜜蜂个体生理衰老。小蜂团很难保证与饲料接触，常有冻死、饿死的可能。因此，越冬蜂巢的布置应根据蜂团移动的特性，保证蜂团的安全，这就要求越冬的蜂群群势不能太弱。强群2～3个箱体越冬对蜂群最安全，因为蜂团可以沿巢脾之间的蜂路向上移动，保证蜂团始终与饲料接触。

三、越冬蜂群的调整和布置

在蜂群越冬前应对蜂群进行全面检查，并逐步对群势进行调整，合理地布置蜂巢。越冬蜂群的强弱，不仅关系越冬安全，而且对来年春天蜂群的恢复和发展也有很大地影响。越冬蜂群的群势调整，要根据当地越冬期的长短和第二年第一个主要蜜源的迟早来决定。越冬期长，来年第一个主要蜜源花期早，就需有较强群势的越冬蜂群。北方蜂群越冬期长达4～5个月，强群越冬的优势比较明显；长江中下游地区虽然越冬期较短，但来年第一个主要蜜源花期早，群势也应稍强一些。北方越冬蜂的群势最好能达到7～8足框以上，最低也不能少于3足框；长江中下游地区越冬蜂的群势应不低于2足框。越冬蜂群的群势调整应在秋末适龄越冬蜂的培育过程中进行。预计越冬蜂的群势达不到标准，就应从强群中抽补部分老熟封盖子脾，以平衡群势。

蜂群越冬蜂巢的布置，一般将全蜜脾放于巢箱的两侧和继箱上，半蜜脾放在巢箱中间。多数蜂场的越冬蜂巢布置是脾略多于蜂。越冬蜂巢的脾间蜂路可放宽到 15～20mm。

1. 双群平箱越冬 2～3 足框左右的弱群在北方也能越冬，但越冬后的蜂群很难恢复和发展。这样的弱群除了在秋季或春季合并外，还可以采取双群平箱越冬。将巢箱用闸板隔开，两侧各放大一群这样的弱群。在闸板两侧放半蜜脾，外侧放全蜜脾，使越冬蜂结团在闸板两侧。

2. 单群平箱越冬 5～6 足框的蜂群单箱越冬，巢箱内放入 6～7张脾；巢脾放在蜂箱的中间，两侧加隔板，中间的巢脾为半蜜脾，全蜜脾放在两侧。

3. 单群双箱越冬 7～8 足框的蜂群采用双箱越冬，巢、继箱各放 6～8 张脾。蜂团一般结在巢箱与继箱之间，并随着饲料消耗而逐渐向继箱移动。因此，饲料应放在继箱上。继箱放全蜜脾，巢箱中间放半蜜脾，两侧放全蜜脾。

4. 双群双箱越冬 将两个 5 足框的蜂群各带 4 张脾分别放入巢箱闸板的两侧。巢脾也是按照外侧全蜜脾、闸板两侧半蜜脾的原则摆放。巢、继箱之间加平面隔王板，然后再加上空继箱。继箱上暂时不加巢脾，等到蜂群结团稳定，白天也不散团时，继箱中间再加入 6 张全蜜脾。

5. 拥挤蜂巢布置法 这种方法的原则是适当缩减巢脾使蜜蜂更紧密地拥挤在一起。例如，把 7 足框的蜂群紧缩在 5 个蜜脾的 4 条蜂路间，以改善保温条件，减少巢内潮湿和蜂蜜的消耗，并相应减少蜜蜂直肠中的积粪。这种方法还能使蜂王来春提早产卵。这种蜂群布置方法，只适合高寒地区蜂群越冬。

在蜂箱中央放 3 个整蜜脾，两旁各放一个半蜜脾，两侧再加闸板，外面的空隙填充保温物。巢底套垫板，在巢框的上梁横放几根树枝，垫起蜂路，然后盖上覆布，加上副盖，再加盖数张报纸和保温物，最后盖上箱盖。

四、北方室内越冬

北方室内越冬的效果取决于越冬室温度、湿度的控制和管理水平。

1. 蜂群入室 蜂群入室的前提条件是适龄越冬蜂已经过排泄飞翔，气温下降并基本稳定，蜂群结成越冬团。蜂群入室过早会使蜂群伤热。蜂群入室的时间一般在外界气温稳定下降、地面结冰但无大量积雪。东北高寒地区的蜂群一般在11月上、中旬入室，西北和华北地区的蜂群常在11月底或12月初入室。

2. 越冬室温度的控制 越冬室室内温度应控制在－2～2℃之间，短时间也不能超过6℃，最低温度最好不低于－5℃。室内温度过高，需打开所有进出气孔，或在夜间打开越冬室的门。如果白天室温过高，可把雪或冰拌上食盐抬入越冬室内进行降温。测定室内温度，可在第一层和第三层蜂箱的高度各放一个温度计，在中层蜂箱的高度放一个干湿球温度计。

3. 越冬室湿度控制 越冬室的湿度应控制在75％～85％之间，过度潮湿将使未封盖蜜脾中的储蜜吸水发酵，蜜蜂吸食后就会患下痢病。越冬室过度干燥将使巢脾中的储蜜脱水结晶。结晶的蜂蜜蜜蜂不能取食。东北地区室内越冬一般以防湿为主，在蜂群进入越冬室之前，就应采取措施使越冬室干燥。越冬室潮湿可通过调节进出气孔，扩大通风来将湿气排出。室内地面潮湿可用草木灰、干锯末、干牛粪等吸水性强的材料平铺地面吸湿。新疆等干燥地区，蜂群室内越冬一般应增湿，可在墙壁悬挂浸湿的麻袋和向地面洒水。蜂群还应采取饲水措施，在隔板外侧放一个加满清水的饲喂器，并用脱脂棉引导到脾上梁，在脱脂棉的上方覆盖无毒的塑料薄膜。

4. 室内越冬蜂群的检查 在蜂群入室初期需经常入室察看，当越冬室温度稳定后可减少入室观察的次数，一般10d一次。越冬后期室温易上升，蜂群也容易发生问题，应每隔2～3d入室观察一次。

进入室内首先静立片刻，看室内是否有透光之处。注意倾听蜂群的声音，蜜蜂发出微微的嗡嗡声说明正常；声音过大，时有蜜蜂飞出，可能是室温过高或室内干燥；蜜蜂发出的声音不均匀，时高时低，有可能室温过低。听测蜂团的声音，还要根据蜂群的群势和结团的位置分析，强群声音较大，弱群声音较小；蜂团靠近蜂箱前部声音较大，靠近后部声音较小。

越冬蜂群还应进行巢门检查。检查时利用红光手电照射巢门和蜂团。蜂团松散，蜜蜂离脾或飞出，可能是巢温过高，蜂王提早产卵，或者饲料耗尽处于饥饿状态；巢门前有大肚子蜜蜂在活动，并排出粪便，是下痢病；蜂箱内有稀蜜流出，是储蜜发酵变质；蜂箱内有水流出，是巢刚热后冷，通风不良水蒸气凝结成水，造成巢内过湿；从蜂箱底部掏出糖粒是储蜜结晶现象，室内死蜂突然增多且体色正常，腹部较小，可能是饥饿造成的，需要立即急救；出现蜂尸残体，是鼠害；某一侧死蜂特别多，很可能是这一侧巢脾储蜜已空，饿死部分蜜蜂；正常蜂团的蜂群，蜂团已移向蜂箱后壁，说明巢脾前部的储蜜已空，应注意防止发生饥饿。

5. 防止鼠害 北方冬季越冬室和蜂箱是家鼠和田鼠理想的越冬场所。老鼠进入蜂箱多半是在入室以前，秋季预防鼠害可用铁钉将巢门钉成栅状，防止老鼠钻入。越冬期间如果发现箱内有老鼠危害，要立即开箱捕捉。越冬室内的老鼠，会使越冬蜂不得安宁。

6. 保持越冬室的安静与黑暗 冬季的蜂群需要在安静和黑暗的环境中生活，振动和光亮都能干扰越冬蜂群，促使部分蜜蜂离开冬团，飞出箱外。多次骚动的蜂群，食量剧增，对越冬工蜂的健康和寿命都极为不利。越冬蜂群的管理中，应保持黑暗和安静的环境，尽量避免干扰蜂群。

7. 蜂群出室 蜂群一般在 3 月中旬至 4 月中旬，外界气温达 8～10℃时出室。蜂群出室也可分批进行。强群先出室，弱群后出室。蜂群出室后便进入早春的增长阶段。

五、北方蜂群室外越冬

蜂群室外越冬更接近蜜蜂自然的生活状态，只要管理得当，室外越冬的蜂群基本上不发生下痢、伤热，蜂群在春季发展也较快。室外越冬的蜂群巢温稳定，空气流通，完全适于严寒划区的蜂群越冬。室外越冬可以节省建筑越冬室的费用。

1. 室外越冬蜂群的包装 室外越冬蜂群主要进行箱外包装，箱内包装很少。蜂群的包装材料，可根据具体情况就地取材，如锯末、稻草、谷草、稻皮、树叶等。箱外包装应根据冬季的气候确定其严密程度。在蜂群包装过程中，要防止蜂群伤热，最好分期包装。蜂群冬季伤热的危害要比过冷严重得多，所以蜂群室外越冬的包装原则是宁冷勿热。此外，蜂群包装还应注意保持巢内通风和防止鼠害。

蜂群室外越冬的场所须背风、干燥、安静，要远离铁路、公路以及人畜经常活动的地方，避免强烈震动和干扰。可采取砌挡风墙、搭越冬棚、挖地沟等措施，创造避风条件。

蜂群包装不宜过早，应在外界已开始冰冻，蜂群不再出巢活动时进行。包装后，如果蜂群出现热的迹象，应及时去除外包装。第一次包装时间华北地区在12月上旬，新疆在11月中旬，东北在10月中、下旬。

（1）草帘包装 在华北地区冬季最低气温不低于－18℃的地方，蜂群室外越冬可利用预制的草帘包装蜂箱。在箱底垫起100mm厚的干草，把20～40个蜂箱呈“一”字形排放在干草上，蜂箱之间相距100mm，其间塞满干草。用草帘从左至右把箱盖和蜂箱两侧盖严，箱后也要用草帘盖好。夜间天气寒冷，蜂箱前也要用草帘遮住。

（2）草埋包装 草埋室外越冬，须先砌一面高660mm的围墙，围墙的长度可根据蜂群数量来决定。如果春季需要继续用围墙挡风，则需每3群为一组排放，以防春季排泄时造成蜂群偏集。在围墙内先垫上干草，然后将蜂箱搬入，蜂箱的巢门踏板与围墙外头一齐。在每个箱门前放一个“口”字形板桥，前面再放挡板，挡板的缺口正好与“口”字形板桥相配合，使巢门与外界相通。然后在蜂箱周围填充干燥的麦秆、秕谷、锯末等保温材料，包装厚度为：

蜂箱后面 100mm，前面 66～85mm，各箱之间 10mm，蜂箱上面 100mm。包装时要把蜂箱覆布后面叠起一角，并要在对着叠起覆布的地方放一个 60～80mm 粗的草把作为通气孔，草把上端在覆土之上。最后用 20mm 厚的湿泥土封顶。包装后要仔细检查，有孔隙的地方要用湿泥土盖严，所盖的湿泥土在夜间就会冻结，能防老鼠侵入。

（3）地沟包装材料　在土质干燥的地方，可利用地沟包装法进行蜂群室外越冬。越冬前以每 10～20 群为一组，挖成一条长方形的地沟，沟长按蜂箱排列的数量而定，宽 800mm×深 500mm。沟下垫 60～80mm 厚的保温材料，上面排列蜂箱，然后在蜂箱的后部和蜂箱之间添加 80～100mm 厚的保温材料。蜂箱上部也覆盖以 8～10mm 厚的保温材料。蜂箱前面地沟的空间用树枝架起草棚，形成沿巢门前部的一条长洞，其两侧留有进气孔，洞中间的上方留有一个出气孔，出气孔要有防鼠设备。在靠近蜂箱前部的相应位置上分别插上 2～3 个塑料管，每个管里放一个温度计以测地沟温度。保温材料覆盖之后，再往草上培以 60～80mm 厚的土。放入地沟里的蜂群大开巢门，地沟内保持 0～2℃。通过扩大和缩小进、出气孔来调解地沟里的温度。

2. 室外越冬蜂群管理

（1）调节巢门　调节巢门是越冬蜂群管理的重要环节。室外越冬包装严密的蜂群要求保留大巢门，冬季根据外界气温变化调整巢门。初包装后打开巢门，随着外界气温下降，逐渐缩小巢门，在最冷的季节还可在巢门外塞些松软透气的保温物。随着天气回暖，应逐渐扩大巢门。

（2）遮阴　从包装之日起直到越冬结束，都应在蜂箱前遮阴，以防止低温晴天蜜蜂飞出巢外冻死。即使低气温下蜜蜂不出巢，光线刺激也会使蜂团相对松散。引起代谢增强、耗蜜增多。蜂箱巢门前可用草帘、箱盖、木板等物遮阴。

（3）检查　越冬后期应注意每隔 15～20d 在巢门掏除一次死蜂，以防死蜂堵塞巢门不利通风。在掏除死蜂时要做到轻、稳，尽量避免惊扰蜂群。掏死蜂时，发现巢门已冻结，巢门附近的蜂尸已冻实而箱内的死蜂没有冻实，这表明巢内温度正常；巢门没霜冻，说明箱内温度偏高；巢内的死蜂冻实，说明巢内温度偏低。

室外越冬的蜂群整个冬季都不用开箱检查。如开箱检查，则打开蜂箱上面的保温物材料，逐箱查看。如果蜂团在蜂箱的中部，巢脾后面有大量的封盖蜜，蜂团小而紧，就说明越冬正常。如果饲料不足应补加蜜脾，然后再重新进行轻度包装继续越冬。

六、长江中下游地区蜂群暗室越冬

由于我国长江中下游地区冬季气温偏高。中午气温常在10℃以上，所以蜜蜂常出巢活动，容易在巢外冻僵。南方蜂群暗室越冬措施得当，死亡率和饲料的消耗量都较低，但是，如果越冬暗室的温度过高，蜂群就会发生危险。所以，在冬季气温偏高的年份，南方蜂群室内越冬也容易失败。

1. 越冬暗室的选择　南方蜂群越冬暗室可选择瓦房或草房，要求室内宽敞、清洁、干燥、通风、隔热、黑暗。室内不能存放过农药等有毒的物质，并且室内应无异味。

2. 入室前蜂群的准备　蜂群入室之前须囚王断子，并且结合治螨使新蜂充分进行排泄，保持巢内饲料充足。巢内的蜂脾关系为脾略多于蜂，蜂路扩大到15～20mm。箱内不加任何保温物。

3. 蜂群入室及暗室越冬管理　夜晚把蜂群搬入越冬室，打开巢门。并在巢门前喷水。蜂群入室后连续10d，每天在巢门前喷水1～2次以促使蜂群安定。室内温度控制在13℃以下。白天关紧门窗，保持黑暗。夜晚打开门窗，通风降温。遇到闷热的天气，室温升高，蜜蜂骚动，应采取电扇通风、洒水，甚至加冰等降温措施。如果室温升高，应及时将蜂群搬出室外，以防蜂群受闷。

七、长江中下游地区蜂群室外越冬

长江中下游地区蜂群室外越冬管理的重点应放在减少蜜蜂出巢

活动，以保持蜂群的实力。管理要点是越冬前囚王断子，留足饲料，迟加保温。在气温突然下降时，把蜂群搬到阴冷的地方；注意遮光，避免蜜蜂受光线刺激出巢，抽出新脾，扩大蜂路；越冬场所不能选择在有油茶、茶树、甘露蜜的地方；越冬后期，才将蜂群迁移到向阳干燥的地方。

八、越冬不正常蜂群的补救方法

1. 补充饲料 越冬期给蜂群补充饲料是一项迫不得已的措施。由于补充饲料时需要活动巢脾。惊动蜂团，致使巢温升高，蜜蜂不仅过多取食蜂蜜浪费饲料，而且也增多了腹部粪便的积存量。容易导致下痢病。为此，要立足于越冬前的准备工作，为蜂群储存足够的优质饲料，避免冬季补充饲料的麻烦。

（1）补换蜜脾 用越冬前的储备蜜脾补换给缺饲料的蜂群较为理想。如果储备蜜脾从较冷的仓库中取出，应先移到15℃以上的温室内暂放24h，待蜜脾温度随着室温上升，再换入蜂群。换脾时要将多余的空脾轻轻提到靠近蜂团的隔板外侧（让蜜蜂自己离巢返回蜂团），再将蜜脾放入隔板里靠近蜂团的位置。

（2）灌蜜脾补喂 如果储备的蜜脾不足，可以使用成熟的分离蜜加温溶化或者以2份白砂糖、1份水加温制成糖液，冷却至35～40℃时进行人工灌脾，灌脾时要按着蜂团占据巢脾的面积浇灌成椭圆形的蜜脾。灌完糖液后要将巢脾放入容器中，待脾上不往下滴蜜时再放入蜂巢中。采用这种方法饲喂，必须把巢内多余的空脾撤到隔板外侧或者撤出去。群强多喂，群弱少喂，一次不可喂得过多。

2. 变质饲料的调换 越冬期，巢脾里尚未封盖的蜂蜜直接与巢内空气接触，若越冬室或蜂箱里空气潮湿，蜂蜜就会很快吸水变稀发酵，有时流出巢房。越冬蜂取食发酵蜜导致下痢死亡。越冬饲料出现严重的发酵或结晶现象，应及时用优质蜜脾更换。换脾时，发酵蜜脾不可在蜂箱里抖蜂，以免将发酵蜜抖落在蜂箱中和蜂体上，造成更大危害，要把这些蜜脾提到隔板外让蜜蜂自行爬回蜂团。结晶蜜脾可以抖去蜜蜂直接撤走。

3. 不正常蜂群的处理

（1）潮湿群　越冬期常因为蜂箱通风不良以及越冬室湿度过大，致使蜂箱内湿气排不出去，逐渐在蜂箱内壁聚集成小水珠并流落到箱底。出现这样严重潮湿的蜂群。若不及时处理必然会导致蜂蜜发酵和发生下痢病，威胁安全越冬。

如果初见潮湿现象，除了加强室内通风、降低湿度之外，还可用草木灰撒于能够透气的覆布上或者将草木灰装入小纱布袋里，放进蜂箱隔板外侧，浸湿以后再换入干草木灰。如果蜂箱中非常潮湿，则需进行换箱。将潮湿蜂箱搬入15℃温室内迅速换上已准备好的比较干燥的空蜂箱。换完箱后盖严箱盖，然后逐渐降低室温，待蜜蜂重新结团时再搬回越冬室。

（2）下痢病蜂群　越冬期蜂群患下痢病的主要原因是饲料的质量不良或者蜜脾发酵变质。越冬饲料中如混有甘露、铁锈及其他污染物等，将导致越冬蜂消化不良、粪便积存过多，因没有排泄的机会，蜜蜂在越冬前期就会出现下痢。越冬蜂巢或越冬室潮湿，导致蜜脾发酵变质。

下痢病蜂群，巢门口有粪便，常有蜂爬出，且其体色发暗、腹部膨大，重时在巢脾上、隔板上、箱壁上和箱底都有下痢的粪便，箱内外死蜂较多。越冬期大批蜂群普遍发生下痢病，并且逐渐严重，说明越冬饲料有问题。这时在室内采取任何补救措施都无益，应抓紧运到南方去繁殖排泄。若是在越冬后期发生下痢病，可以采取换蜜脾、换蜂箱的措施来减少损失。

越是患下痢病的蜂群饲料消耗越快。

下痢病蜂群的处理：先将蜂群搬入15℃左右的温室内放1～2h，使巢温上升，然后再搬入22℃以上的塑料大棚内，打开巢门放蜂排泄飞翔，这时再进行换脾换箱，排泄完毕即关闭巢门逐渐降温，蜂群安定之后送回越冬室。

附录1　蜂场常用化学消毒药物及使用方法

名称	常用浓度（%）及作用时间	配制	作用范围	使用方法	备注
84消毒液	0.4%作用10min（用于细菌污染物） 5%作用90min（用于病毒污染物）	水溶液	细菌、病毒、真菌	蜂箱、蜂具洗涤，巢脾浸泡，注意金属物品洗涤时间不宜过长	日用百货店有售、避光储存
漂白粉	5%～10%作用0.5～2h	水溶液	细菌、病毒、真菌	蜂箱洗涤、巢脾及蜂具浸泡1～2h，注意金属物品洗涤时间不宜过长 水源消毒：$1m^3$河水、井水加漂白粉6～10g，30min后可以饮用	
食用碱（Na_2CO_3）	3%～5%水溶液作用0.5～2h	水溶液	细菌、病毒、真菌	蜂箱洗涤、巢脾（2h），蜂具、衣物浸泡0.5～1h，越冬室、仓库墙壁、地面喷洒	
石灰乳	10%～20%水溶液	1份生石灰加1份水制成消石灰，再加水配成10%～20%悬浮液	细菌、病毒、真菌	10%～20%水溶液粉刷越冬室、工作室、仓库墙壁、地面，现配消石灰粉，撒至蜂场地面	现配现用

（续）

名称	常用浓度（%）及作用时间	配制	作用范围	使用方法	备注
饱和食盐水	36% 作用 4h 以上	水溶液	细菌、真菌、孢子虫病、阿米巴病（变形虫）、巢虫	蜂箱、巢脾、蜂具、浸泡 4h 以上	
冰醋酸	98%～80%熏蒸 1～5d	每个蜂箱 10～20mL	蜂螨、孢子虫病、阿米巴病（变形虫）、蜡螟的幼虫和卵	每只蜂箱用 80%～98%冰醋酸 10～20mL，洒在布条上，每个装好欲消毒巢脾的继箱挂一片；将箱体摞好、糊好缝，盖好箱盖熏蒸 24h，气温低于 18℃，要熏蒸3～5d	
甲醛	2%～4%水溶液	1 份甲醛加水9～18份	细菌、病毒、孢子虫病、阿米巴病（变形虫）	2%～4%甲醛水溶液喷洒越冬室、工作室、仓库墙壁、地面，也可 1～3g/m^3 加热熏蒸 4%甲醛水溶液浸泡蜂箱、巢脾、蜂具 12h	注意密闭
	原液熏蒸	每个继箱用量：甲醛 10mL、热水 5mL、高锰酸钾 10g	细菌、病毒、孢子虫病、阿米巴病（变形虫）	甲醛和热水加入容器，放入摞好的箱体中，蜂箱间用纸糊好，加入高锰酸钾立即盖好，密闭12h 室内消毒：每立方米用 30mL 甲醛、30mL 水、18g 高锰酸钾	注意密闭

（续）

名称	常用浓度（%）及作用时间	配制	作用范围	使用方法	备注
硫黄	粉剂熏蒸24h以上	每个蜂箱2～5g	蜂螨、螟蛾、巢虫、真菌	5个蜂箱为一体，每个继箱8张巢脾，巢箱中放一个瓷容器。使用时，将燃烧的木炭放入容器内，立即将硫黄撒在木炭上，密闭蜂箱，熏蒸12h以上	由于该药对卵、蛹无效，每隔7d要重复一次，连续重复2～3次

注：1. 根据消毒药的类型与本蜂场的常见病、多发病选择消毒药。

2. 无论使用何种化学消毒剂，只要以浸泡和洗涤形式处理的，消毒过后用清水将药品洗涤干净，巢脾用分蜜机甩干巢中水分；熏蒸消毒的蜂具等，应在流通空气中放置72h以上。

3. 巢脾上如有花粉等存在，其消毒的浸泡时间，可视药品作用时间而适当延长，以达到确实消毒的目的。

资料来源：《蜜蜂病虫害综合防治规范》(GB/T 19168—2003)。

消毒

附录2　常用预防蜜蜂传染病中草药及使用方法

名称	用法	功效
金银花	干燥花蕾20～30g水煎，配成1kg糖浆	抗细菌、病毒、真菌
芦荟	用鲜汁5～10mL加入1kg糖浆	抗细菌，增加蜜蜂抗病性
大青叶	10～15g干燥叶水煎，配成1kg糖浆	抗细菌、病毒
板蓝根	30g干燥根部水煎，配成1kg糖浆	抗细菌、病毒
金沙藤（海金沙）	15～30g干燥根部或全草水煎，配成1kg糖浆	抗细菌、病毒
穿心莲	15g干燥全草或叶水煎，配成1kg糖浆	抑制细菌
马齿苋	30～50g干茎叶或鲜草100g水煎，配成1kg糖浆	抗细菌
菊花	20～40g干花，水煎，配成1kg糖浆	抗细菌、病毒
贯众	15g干根茎水煎，配成1kg糖浆	抗病毒
鱼腥草	15～40g干草水煎，配成1kg糖浆（不宜久煎）	抗细菌、病毒
紫花地丁	10～15g干燥全草水煎，配成1kg糖浆	抗细菌、真菌
连翘	10～15g干果水煎，配成1kg糖浆	抗细菌、病毒
山楂	50g干果水煎，配成1kg糖浆	增加蜜蜂抗病性，促进工蜂活动、蜂王产卵
蒲公英	50g干叶水煎，配成1kg糖浆	抗细菌
百里香	15g干植株水煎，配成1kg糖浆	抗螨、细菌

注：表中1kg糖浆为10框蜂一次用量